航空管制
過密空港は警告する

Towerman
タワーマン

KAWADE夢新書

装幀◉こやまたかこ
図版作成◉原田弘和
協力◉岡本象太

悲しい事故を二度と起こさないために…◉はじめに

2024(令和6)年1月2日に起きた「羽田空港航空機衝突事故」から、1年が経過しました。事故調査報告書の取りまとめは年単位の時間を要することが見込まれるため、運輸安全委員会は昨年12月に「経過報告」を公表し、これまでの調査で確認された事実情報等を中間的に報告しました。

事故を受けて、対策の検討や新しい試みがすでに始まっています。しかし、今回の事故のなかの、目に見えるわかりやすい部分に焦点を当てた対策を打つことは、中長期的に見て、航空交通の安全性向上につながりません。今回の事故に偏った対策が、また新たなリスクを生じさせ、むしろ管制官とパイロットの負荷を高める可能性があるからです。

本書は、事故の経緯や背景をわかりやすく解説しながら、元・航空管制官の視点から「航空管制が真に安全なものに生まれ変わるために必要なこと」を追究していきます。

航空管制はデジタル技術の活用によって、日々進化していますが、言葉の確実な伝達や誤解のない認識の共有など、最後は「人の力」が支えています。今、求められる真の安全対策を、最前線で奮闘した経験からお伝えします。

タワーマン

1章
羽田空港航空機衝突事故。直前に、何が起きていた？

2章 事故はなぜ、回避できなかったのか？

3章 羽田事故後も頻発する管制トラブル

4章 航空管制官の増員は容易ではない

5章

航空交通を捌(さば)く 管制官の精緻なスキル

6章 羽田事故の「再発防止策」を検証する

7章 安全を保つために管制に求められる役割

1章
羽田空港航空機衝突事故。直前に、何が起きていた？

羽田空港航空機衝突事故。その交信記録を読みとく

２０２４（令和６）年1月2日、羽田空港のC滑走路上で、着陸直後の日本航空５１６便（以下、日航機）と離陸予定の海上保安庁機（以下、海保機）が衝突し、双方（そうほう）とも炎上。海保機の乗員6名のうち、機長以外の5名が死亡するという痛ましい事故が発生しました。

事故の経緯については、前著『航空管制 知られざる最前線』の冒頭でも触（ふ）れています。私自身、元管制官という立場から、これは単なる偶発的な事故ではなく、現状の航空交通システムが抱えているさまざまな矛盾や問題が臨界点に達し、そして表出（ひょうしゅつ）してしまった、いわば「起こるべくして起きた事故」だととらえています。

事故後、その原因を究明し、今後の防止策を検討すべく、国土交通省は羽田空港航空機衝突事故対策検討委員会を発足させました。そして、２０２４年6月には事故対策検討委員会により「中間取りまとめ」が、同年12月には国の運輸安全委員会により「経過報告」が公表されました。

本書はまず、この「中間取りまとめ」と「経過報告」を手がかりに、事故はどのように

羽田空港航空機衝突事故の現場見取り図

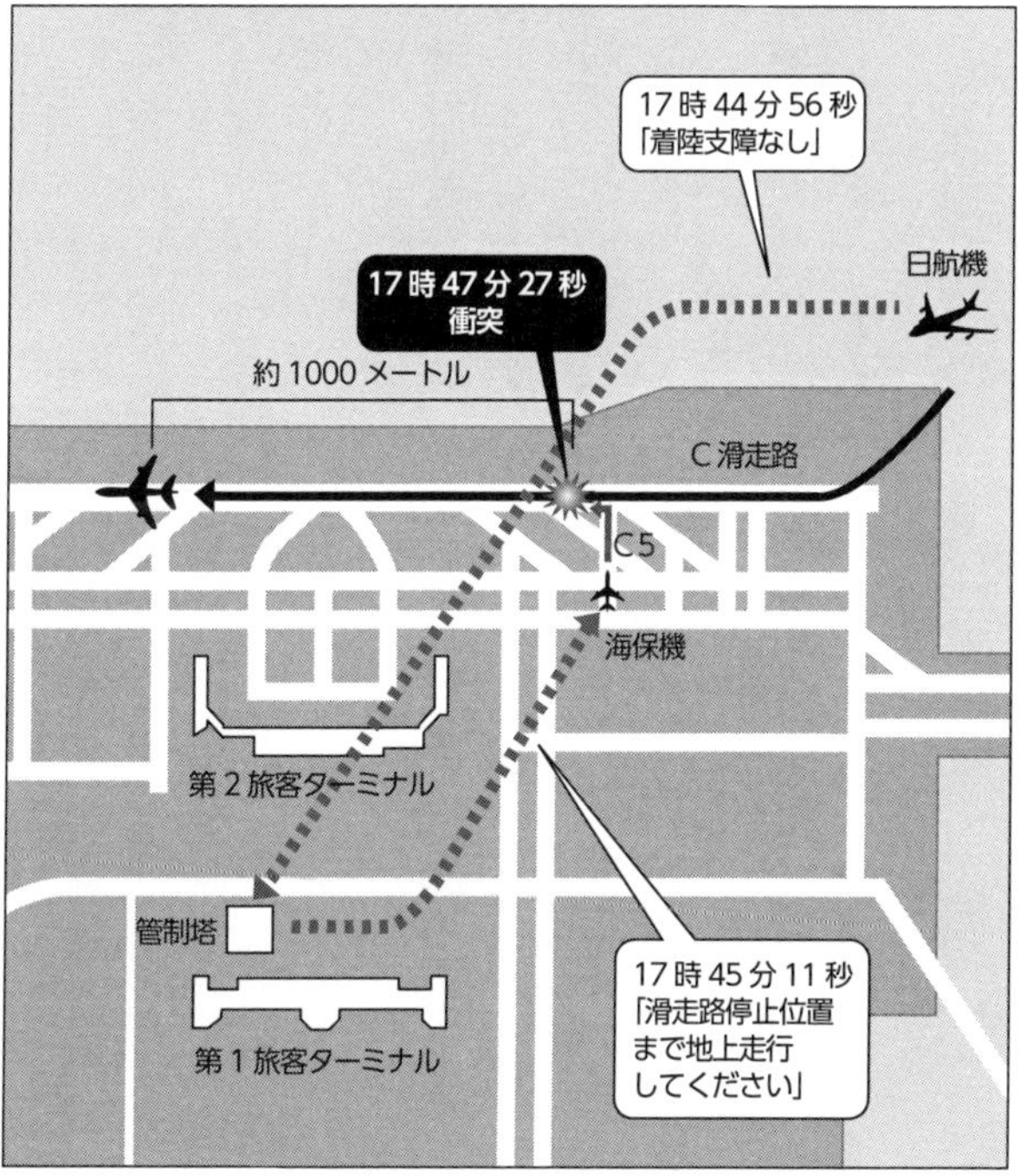

起きたのか、防ぐことはできなかったのか、今後のより安全な運用のためのリスク管理のあり方を探っていこうと思います。

まずは「中間取りまとめ」より、事故発生時の管制交信記録を引用しながら、これに沿うかたちで事故の経緯を見ていきます。

記載された交信は、1月2日17時43分02秒から始まっています。「東京タワー」は、羽田空港の滑走路担当管制官（正式には、飛行場管制席)、「JAL516」は事故の当該機である日本航空516便、「JA722A」は海保機です。

さらに、JAL516の後には日本航空166便(JAL166)が着陸を予定しており、JA722A(海保機)の後には、デルタ航空276便(DAL276)と日本航空179便(JAL179)が出発を予定していたように読みとることができます。

＊17時43分02秒
JAL516「東京タワー、JAL516。スポット18番(ターミナルの駐機場番号)です」
東京タワー「JAL516、東京タワー。こんばんは。滑走路34Rに進入を継続してください。風320度7ノット。出発機があります」

＊17時43分12秒
JAL516「JAL516。滑走路34Rに進入を継続します」

滑走路担当管制官が滑走路に向けて降下し、着陸しようとしている日本航空５１６便に対し、出発機があることを知らせています。
　ここで注目すべきなのは、管制官は５１６便に対して着陸許可を発出(はっしゅつ)していない、ということです。着陸に支障がなければ、この時点で「進入を継続」ではなく「着陸を許可します」とするはずです。
　管制官はこの時点で、着陸許可の判断を引き延ばしています。出発機があることは伝えていますが、その出発機が５１６便の着陸前に離陸可能かどうかはこの交信から読みとることはできません。

＊17時43分26秒

ＤＡＬ２７６「東京タワー、ＤＡＬ２７６。誘導路上Ｃにいます。停止位置に向かっています」

東京タワー「ＤＡＬ２７６、東京タワー。こんばんは。滑走路停止位置Ｃ１へ走行してください」

ＤＡＬ２７６「滑走路停止位置Ｃ１。ＤＡＬ２７６」

この時点で、もう一方の事故当該機である海保機（JA722A）はまだ交信に入ってきていません。管制官は、出発予定のデルタ航空276便（DAL276）に対して、C1誘導路を通って滑走路の端(はし)まで行き、停止線手前まで走行するように指示しています。

＊17時44分56秒
東京タワー　「JAL516、滑走路34R着陸支障なし。風310度8ノット」
JAL516「滑走路34R着陸支障なし。JAL516」

「進入を継続」している日本航空516便に対し、管制官が離陸準備のために風向・風速を知らせています。

＊17時45分11秒
JA722A「タワー、JA722A。C誘導路上です」
東京タワー　「JA722A、東京タワー。こんばんは。1番目。C5上の滑走路停止位置まで地上走行してください」

＊17時45分19秒
JA722A「滑走路停止位置C5に向かいます。1番目。ありがとう」

ここで初めて管制官は海保機と交信し、C5誘導路を通って滑走路の手前まで行き、停止するように指示しています。のちのち議論の焦点となる「1番目（No.1）」「ありがとう（Thank you）」については後述します。

＊17時45分40秒
JAL179「東京タワー、JAL179。滑走路停止位置C1へ走行しています」
東京タワー「JAL179、東京タワー。3番目。滑走路停止位置C1へ走行してください」
JAL179「滑走路停止位置C1へ走行、離陸準備完了」

新たな出発機である日本航空179便が、管制官と交信を始めました。管制官はデルタ航空276便と同じく、C1誘導路へ走行するよう指示していま す。この時点で、滑走路担当管制官が抱えている出発機は少なくとも3機、到着機は1機、ということになります。

＊17時45分56秒

JAL166「東京タワー、JAL166。スポット21番です」

東京タワー「JAL166、東京タワー。こんばんは。2番目。滑走路34R進入を継続してください。風320度8ノット。出発機あり。160ノットに減速してください」

＊17時46分06秒

JAL166「減速160ノット、滑走路34R進入を継続。こんばんは」

日本航空166便（JAL166）は、事故の当該機である日本航空516便（JAL516）の後続の到着機です。これに対して、管制官は減速を指示しています。この理由もまた、後述します。

＊17時47分23秒
東京タワー　「JAL166、最低進入速度に減速してください」
JAL166「JAL166」

この後、「3秒無言」となって、約4分の交信記録の引用は終わっています。

なお、実際の交信は英語で行なわれていますが、ここでは「中間取りまとめ」に掲載されている日本語訳を掲載しています。

海保機の状況❶…当日に機材変更があり、任務内容も未確定だった

「経過報告」によって新たに公表された事実の1つに、海保機の機材が当日の昼前に急遽変更になった、ということがあります。

もともとは、520キログラムの荷物を搭載可能なガルフストリーム・エアロスペース式G－V型という機体を使うことを予定していました。しかし、794キログラムの荷物を搭載可能なボンバルディア式DHC－8－315型のほうが任務に適していると判断さ

れ、変更となったわけです。

乗組員は6名。機長は変更後の機材の機長資格も有していたため、そのまま飛ぶことになります。また、副操縦員は前日に発生した能登半島地震による勤務変更があり、休日を返上して海上保安庁の羽田基地に待機していました。

当日の飛行ルートは、羽田空港から新潟空港へ震災支援物資輸送を行なった後に小松空港へ向かい、すでに派遣されていた隊員を乗せ、羽田空港に戻るというものでした。新潟空港までの所要時間は1時間10分。ただし、この時点では新潟空港到着後の飛行についての予定が確定していなかったため、機長は新潟から羽田へそのまま引き返すことも想定していたと記されています。

そして機長は、新潟空港での荷下ろしに時間がかかるだろうということ、さらには羽田空港へ戻った後の乗組員の帰宅方法も考慮し、なるべく急ぎたいと考えていたと述べています。

荷物の積みこみが終わったのは、16時20分ごろ。機長は他の乗組員5名とともに海保機に乗りこみ、16時32分ごろに4本ある羽田の滑走路の端に位置する「スポットナンバー957」への移動を開始しました。

ところが、スポットナンバー957へ向かう途中に機材の不調が判明します。エンジンをいったん停止すると、電源車を利用しなければ再始動できない状態だったのです。

海保機の乗組員は、目的地である新潟空港と小松空港で電源車の借用（しゃくよう）が可能かどうか、基地を通じて問い合わせます。そして、新潟空港では電源車の借用が可能であるとの返事をもらいますが、この時点では、小松空港での借用は確定していませんでした。

海保機の状況❷…地上走行の開始から、滑走路停止位置標識の通過まで

スポットナンバー957で待機していた海保機は、17時32分ごろに滑走路へ向かうための地上走行を開始します。

まず、誘導路Nを進んでB滑走路を横断。そのまま誘導路Lを進み、今度はA滑走路を横断します。滑走路横断後は、「グラウンド東（地上担当）」という地上走行の指示を担当する管制官からの指示に従い、誘導路Hを北上し、C滑走路へと向かいます。

地上走行の途中、海保機の機長は、誘導路C上の向かって右側に先行機が2～3機いること、そして向かって左側にも航空機が1機いることを確認しています。

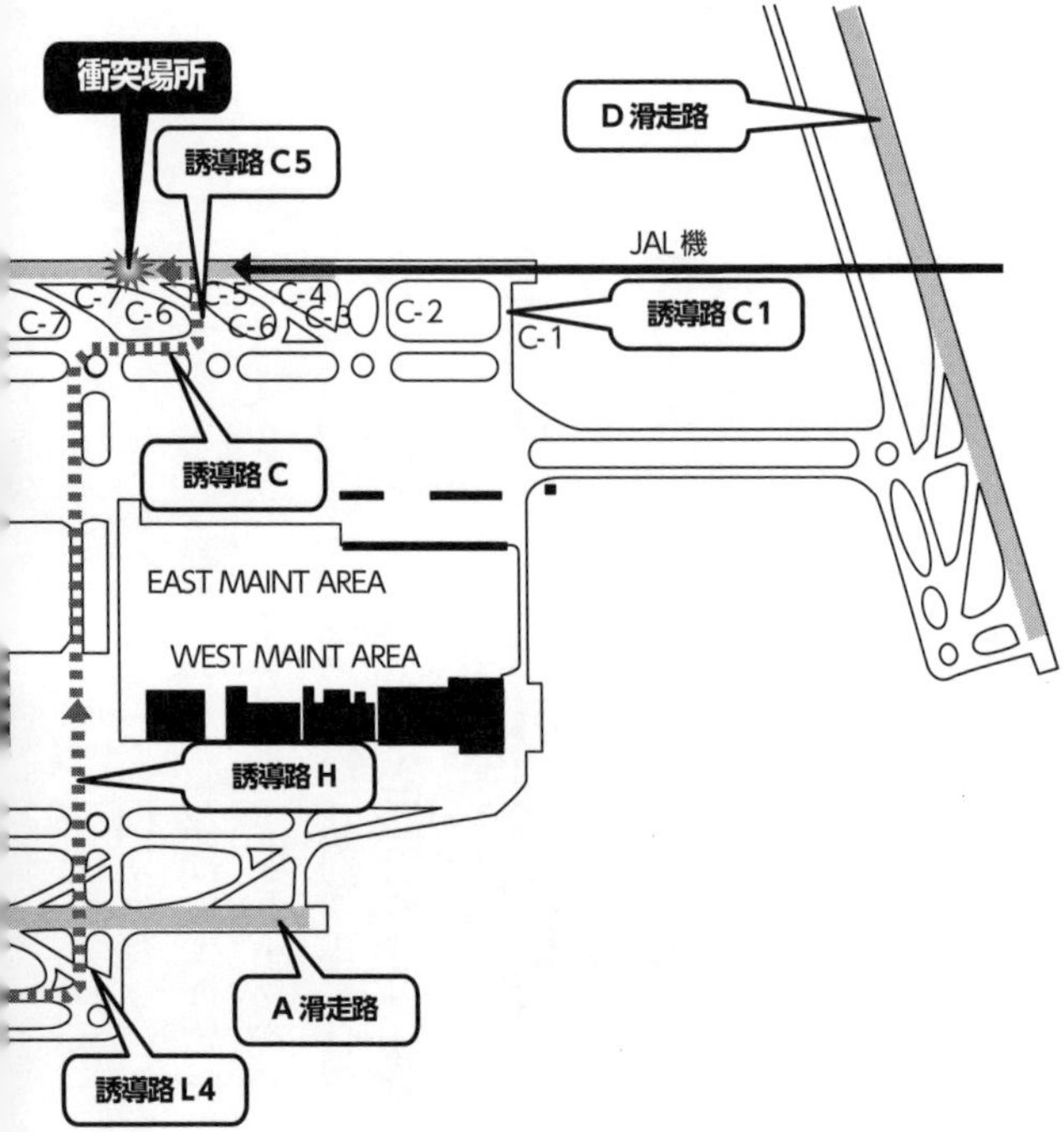

出典：運輸安全委員会 羽田空港航空機衝突事故「経過報告書」

海保機の地上走行経路

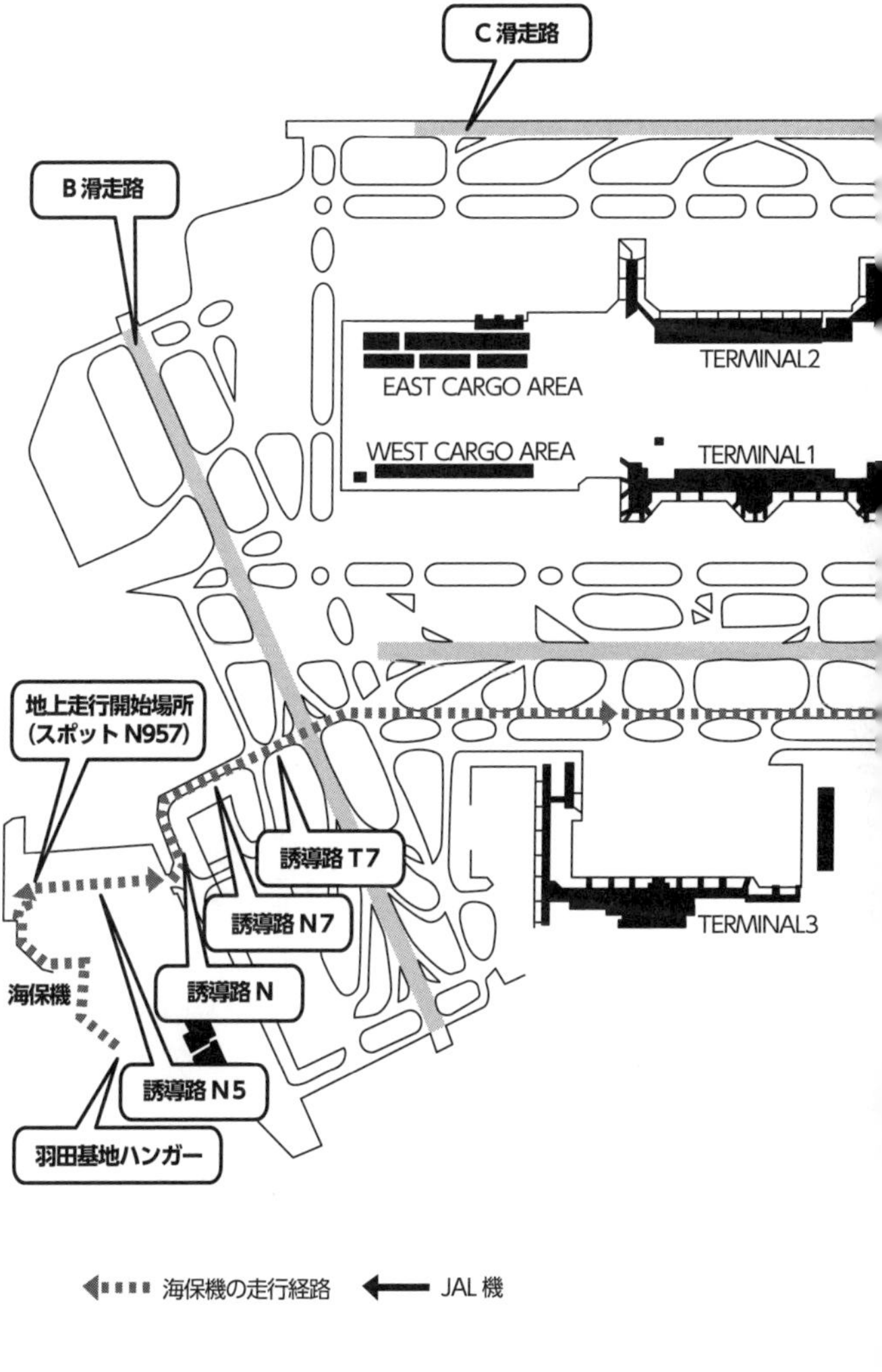
C 滑走路
B 滑走路
TERMINAL2
EAST CARGO AREA
WEST CARGO AREA
TERMINAL1
地上走行開始場所
(スポット N957)
誘導路 T7
誘導路 N7
誘導路 N
誘導路 N5
TERMINAL3
海保機
羽田基地ハンガー
海保機の走行経路
JAL 機

このとき、誘導路Cは複数の出発機が地上走行をしていました。機長は右手にいる先行機の後ろ、左から来る航空機の前に自機が入れるのではないかと考えていたのだと推察します。

17時44分13秒。誘導路Hから誘導路Cに右折した後、事故発生場所となる滑走路の離着陸等を担当する「タワー東（滑走路担当）」に周波数が移管されます。

17時45分14秒。C滑走路を担当する管制官は、海保機に対して誘導路C5の滑走路停止位置への走行を指示するとともに、海保機の離陸順位が1番目であることを知らせます。

「No.1, taxi to holding point C5（1番目。C5上の滑走路停止位置まで地上走行してください）」

海保機はこの指示を復唱し、誘導路C5に向けての走行を継続しました。

ところがこのとき、海保機の機長は、

「Runway 34R, line up and wait, you are No.1（滑走路34Rに入って待機してください。あなたの離陸順位は1番です）」

と指示を受けたと記憶していると述べています。管制官の指示と明らかに異なっていますす。過去の滑走路誤進入事案においてもこのような食い違いが見られるため、復唱したからといっても、その内容が脳内で書き換わったり、記憶が変化したりすることがあるということがわかります。

そして、17時46分13秒に、海保機は誘導路C5の滑走路停止位置標識を通過しました。なお、海保機の機長はこのとき、副操縦員と「Line up and wait（滑走路に入って待機します）」と復唱し、左右を確認した後、滑走路に入って停止したと述べています。

海保機の状況❸…基地との無線交信から、日航機との衝突まで

17時46分26秒。海保機に基地からの無線通信が入ります。タイミングとしては、離陸のための準備を開始しなければならない状況です。

交信の内容は先ほどの機材不調に関するもので、「小松空港は電源車の借用が不可」であること、そして「小松空港到着後の任務についての機長の判断を確認したい」というものでした。

離陸に集中しなければならない状況で、基地との通信に気がとられたことは否めないでしょう。さらに、基地との通信に一部重なるタイミングで、タワー東から、

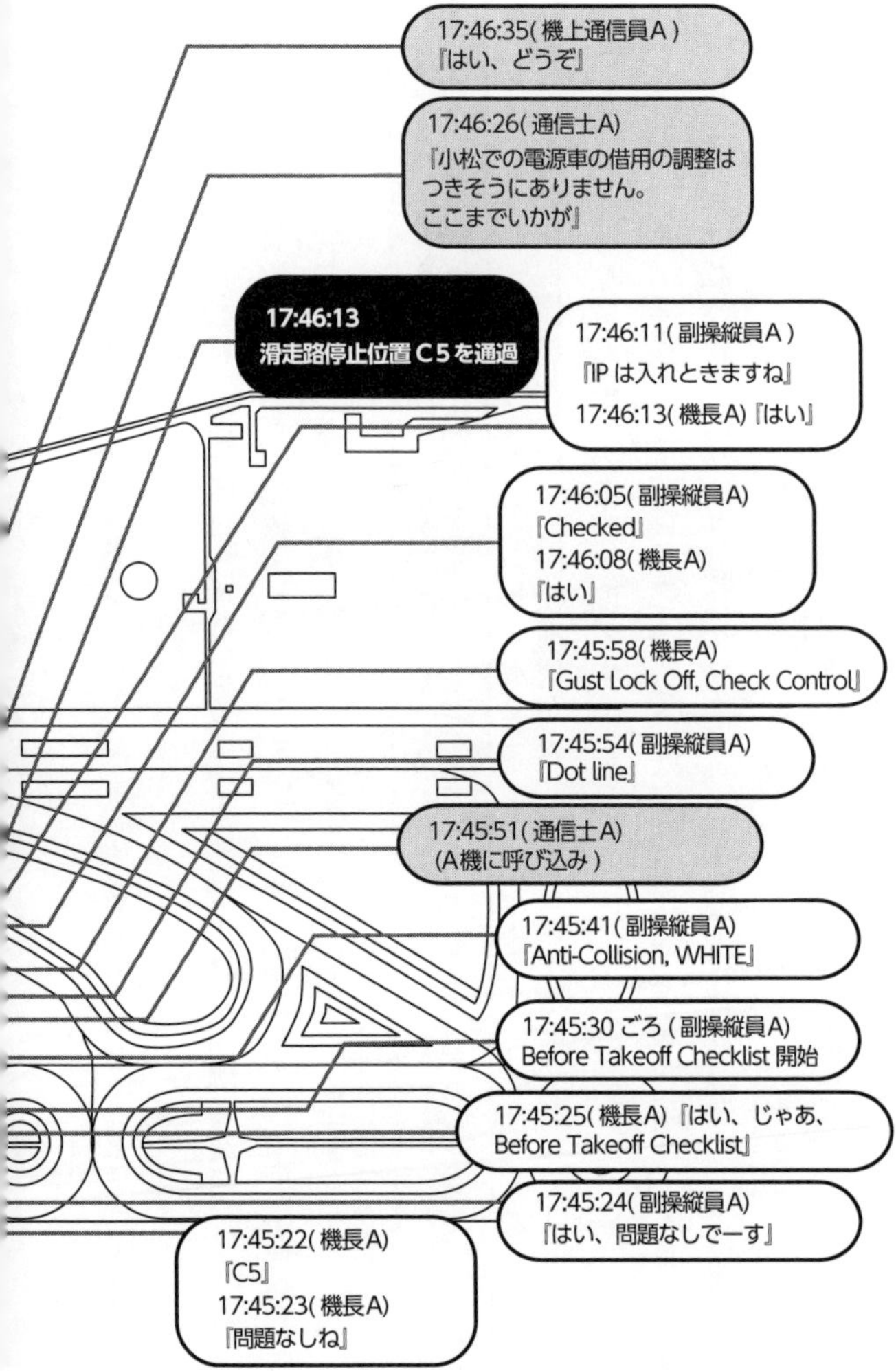

出典：運輸安全委員会 羽田空港航空機衝突事故「経過報告書」

17時45分以後の海保機の「機内音声」と「交信記録」

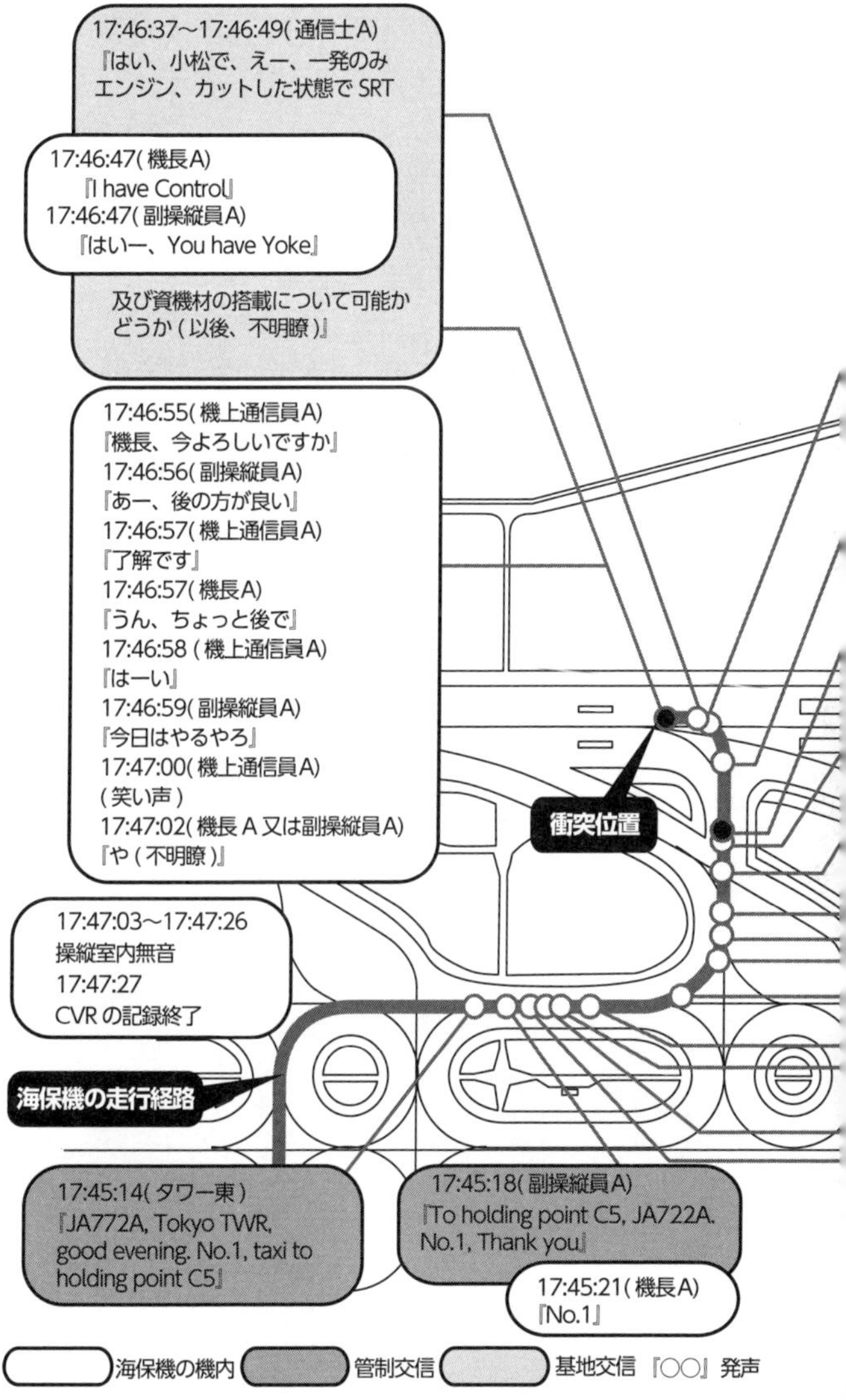
17:46:37～17:46:49(通信士A)
『はい、小松で、えー、一発のみエンジン、カットした状態でSRT
17:46:47(機長A)
『I have Control』
17:46:47(副操縦員A)
『はいー、You have Yoke』
及び資機材の搭載について可能かどうか(以後、不明瞭)』
17:46:55(機上通信員A)
『機長、今よろしいですか』
17:46:56(副操縦員A)
『あー、後の方が良い』
17:46:57(機上通信員A)
『了解です』
17:46:57(機長A)
『うん、ちょっと後で』
17:46:58 (機上通信員A)
『はーい』
17:46:59(副操縦員A)
『今日はやるやろ』
17:47:00(機上通信員A)
(笑い声)
17:47:02(機長A又は副操縦員A)
『や(不明瞭)』
衝突位置
17:47:03～17:47:26
操縦室内無音
17:47:27
CVRの記録終了
海保機の走行経路
17:45:14(タワー東)
『JA772A, Tokyo TWR, good evening. No.1, taxi to holding point C5』
17:45:18(副操縦員A)
『To holding point C5, JA722A. No.1, Thank you』
17:45:21(機長A)
『No.1』
海保機の機内
管制交信
基地交信
『○○』発声

「Runway 34R, cleared for take-off（滑走路34R、離陸支障ありません）」と、離陸許可があったと記憶していると機長は述べています。

実際に、管制官から何らかの交信があったのかどうかは不明ですが、パイロットの心情を考えると、これから離陸する、という思いを持っている人にとっては、無線上のノイズすらも「Cleared for take-off」に聞こえてしまったという可能性は否定できません。

17時46分46秒。海保機はC滑走路の中心線上で離陸方向（北西向き）に正対して停止します。そして、17時47分27秒、C滑走路に着陸した日航機と衝突したのです。

管制官の状況❶…当日は、どのような勤務体制だったのか？

前項までは、海保機の動きを見てきました。ここからは、管制官側の当日の状況を見ていきます。

事故発生時にC滑走路の管制を担当していたのは「タワー東（以下、滑走路担当）」です。そのほか、タワー東の業務に関連する管制席として、滑走路担当間の調整を行なう「飛行場調整席」と「グラウンド東（以下、地上担当）」が配置されていました。

「経過報告」によると、滑走路担当が所属するチームは、当日の正午から21時15分までの勤務を予定していました。同チームは14時15分ごろに管制所運用室へ移動して前のチームから業務を引き継ぎ、すでに勤務していた2名の航空管制官とともに、業務を開始しています。

滑走路担当は、15時05分ごろから「飛行場管制席西」、15時50分ごろから「地上管制席東」、16時35分ごろから「飛行場管制席南」での業務に就いた後、約20分の休息を挟み、17時20分ごろから「飛行場管制席東」での業務に就きました。

ここは、見逃してはいけないポイントの1つです。航空管制官は脳の疲労を軽減するために、時間を区切って担当をローテーションしています。たとえば、地上管制席を45分間担当した後、滑走路を45分間、そしてまた別の席を45分間……という具合です。それぞれのコマのあいだには管制席に着席しない時間、つまり45分間の休憩をバランスよく入れています。

この日の滑走路担当の管制官は45分間3コマを連続した後、20分の休憩を挟んで4コマ目に入っています。私の経験に照らすと、これは結構なハードワークであると感じます。

管制官の状況❷…誘導路Cが出発機で混雑していたわけ

「経過報告」を読み進めていくと、ある記述に目が止まります。

「タワー東（滑走路担当）は、滑走路34R（C滑走路）から離陸する出発機が使用する誘導路Cを、通常は誘導路Eを経由して滑走路05（D滑走路）へ向かう出発機も使用しており、誘導路Cが混雑していることに気付いた。タワー東は、滑走路05へ向かう出発機が誘導路Cを使用していた理由は把握していなかったが、トーイングにより移動する航空機等の関係ではないかと考えた」

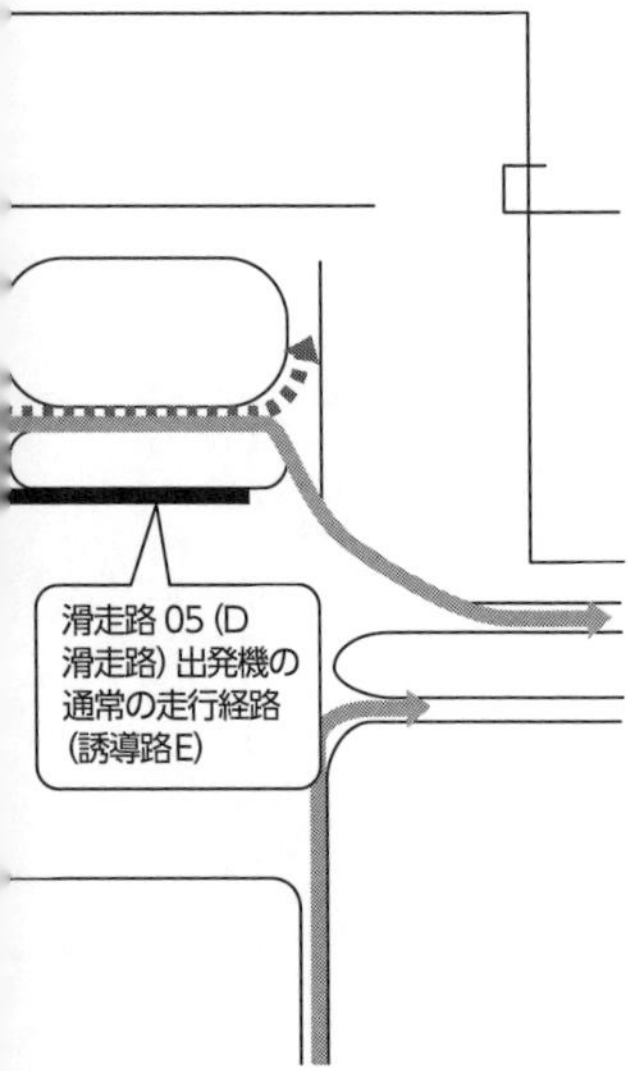

C滑走路の近くには、誘導路Cと誘導路Eが平行して配置されています。基本的に誘導路CはC滑走路に向かう航空機が、誘導路EはD滑走路に向かう航空機が使用しますが、当日は誘導路CにもD滑走路へ向かう出発機が混

事故発生前の地上走行経路

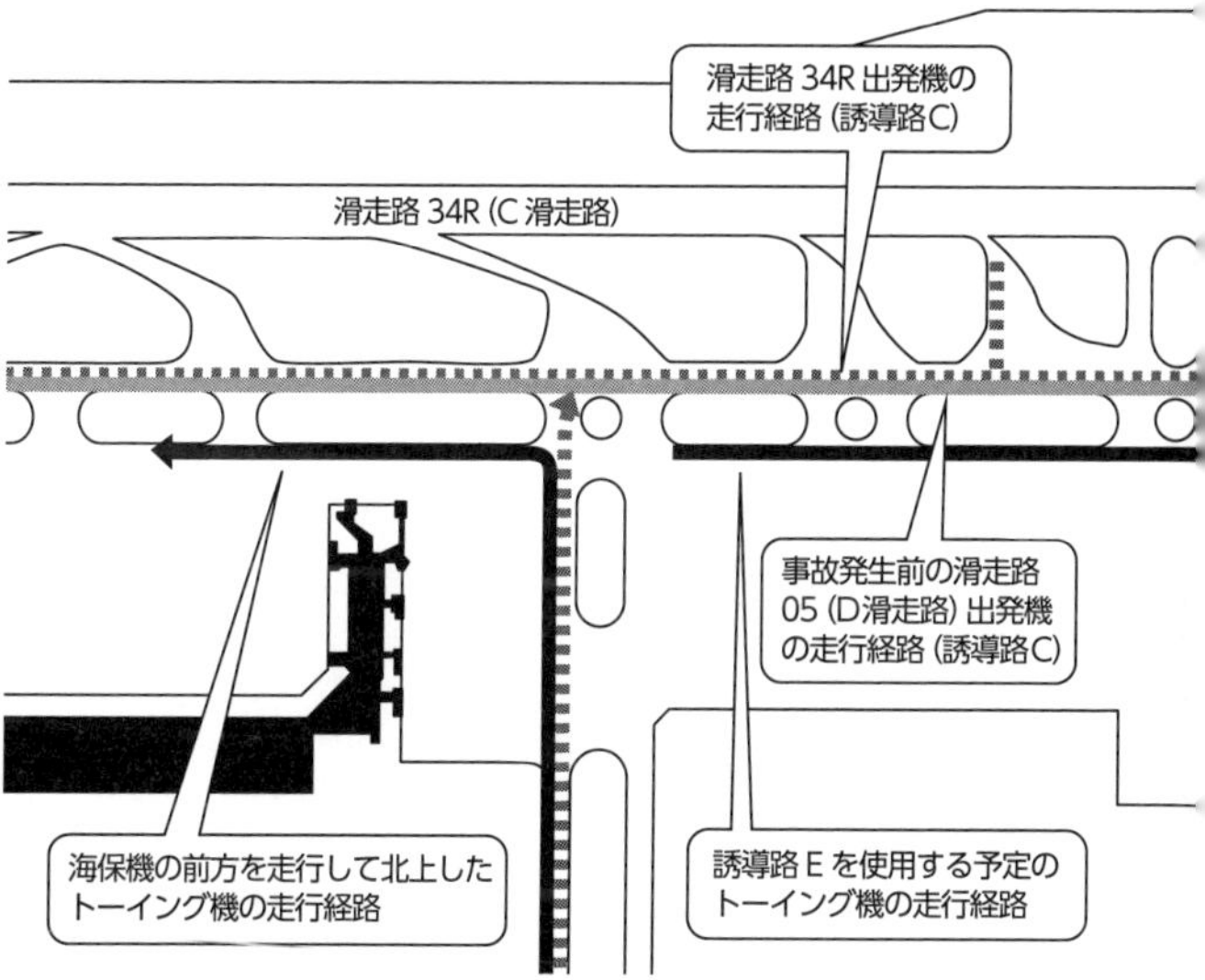

出典：運輸安全委員会 羽田空港航空機衝突事故「経過報告書」

ざっているという状況でした。この交通の流し方は地上担当に裁量があります。

　トーイング機とは、トーイングトラクターという特殊車両によって牽引された航空機のことです。出発導線に関係なくスポットからスポットを移動し、走行速度も自走機より遅いという特徴があります。滑走路担当は「トーイング機があるから、（本来は誘導路Eを使う航空機も）誘導路Cを走っているのだ」と理解したのでしょう。

　異なる滑走路へ向かう航空機が同じ誘導路を使っている状況は、管制官としては少しやりにくさを感じるものです。通常であれば担当する滑走路の端に溜まっている出発機を順次、滑走路から離陸させることができますが、異なる滑走路へ向かう航空機があいだに挟まったかたちで列を成していると、誘導路Cから滑走路に進入する自分の担当機がブロックされてしまうため、微妙な遅延も考慮しながら指示しなければならないからです。

管制官の状況❸…滑走路担当が地上走行中の海保機を認識する

17時42分ごろ、滑走路担当の管制官は誘導路Hを走行する海保機の存在を認識します。この時点では、誘導路Cが混雑していたため、海保機の離陸の順序を決めていなかったと述べています。

そこへ、出域調整席の管制官から滑走路担当へ、海保機を離陸させるタイミングの確認が入ります。出域調整席は海保機が飛行速度の遅い機種であったために、いつ滑走路に到達し、どのタイミングで出発させられるかを気にしていたのだろうと推察できます。

この確認に対し、滑走路担当は以下のように答えます。

「(誘導路Cが混雑し)地上担当が忙しいので、海保機がいつ自分に業務移管されるかわからない」

その答えを聞いた出域調整席は滑走路担当に、海保機の次に離陸する航空機に遅延が発生する可能性があることを伝えます。

海保機のボンバルディア式DHC－8－315型はプロペラ機であるため、ジェット機と比べると飛行速度が遅く、通常の出発間隔で離陸すると、後続機に追いつかれてしまいます。

滑走路担当は出発機をなるべく効率よく処理したいと考えています。羽田空港のような混雑空港では、無駄なく次々と出発機を出し続けないと渋滞の列がどんどん伸びていくからです。そのため、海保機の出発後に連続してジェット機を出発させる順位付けをすると無駄な遅延が発生してしまうことになります。

このようなときは、海保機の出発後は到着機が滑走路を使用することが理想的です。出発2機のあいだに到着機を1機挟むことで、滑走路を効率よく運用しながら、自然と海保機と後続の出発機の間隔を広げることができるわけです。

管制官の状況❹…衝突した日航機と、どのような交信を行なっていたか？

ここでいったん、海保機と衝突した日航機、海保機とは別の出発機、そして日航機の後続の到着機と管制官の交信状況について見てみます。

17時43分02秒。レーダー管制席から通信移管された日航機が滑走路担当を呼びこみます。このとき、滑走路担当は「日航機の着陸前に海保機とは別の出発機（以下、デルタ機）を離陸させよう」と考えていました。そのため、日航機に対しては着陸許可を出さず、C滑走路への進入継続を指示するとともに、出発機がいることを知らせています。日航機もC滑走路への進入継続を復唱しました。

17時43分26秒。デルタ機が滑走路担当を呼びこみます。滑走路担当はデルタ機に対し、C滑走路の末端（まったん）にある誘導路C1の滑走路停止位置までの地上走行を指示し、デルタ機もそれを復唱しました。

そして、この時点で滑走路担当は「日航機を先に着陸させて、その後にデルタ機を離陸させる」とプランニングを決定したと述べています。誘導路Cの混雑により、デルタ機の地上走行の速度が予想以上に遅かったことがその理由です。

その後、デルタ機の離陸順位をさらに1つ繰り下げることを決めます。日航機とその後続の到着機の間隔が約7マイル（約13キロメートル）であり、長距離国際線用の大型機であるデルタ機を日航機の後で離陸させた場合、日航機の後続の到着機に後方乱気流の影響が及ぶと考えたからです。

後方乱気流とは、飛行機の後方に発生する乱気流です。その影響を避けるために、飛行機の離着陸には一定の間隔を確保しなければならないというルールが定められています。影響の度合いは飛行機の大きさ（最大離陸重量）に左右されるので、大型機の後ろに小型機がくる場合などは、本来の滑走路上における間隔よりも拡大しなければならないのです。

そして滑走路担当は、日航機とその後続の到着機の着陸のあいだに大型のデルタ機ではなく、小型の海保機を離陸させれば、後続の到着機への後方乱気流の影響を考慮しなくてもよく、さらに海保機とデルタ機の離陸後の間隔も問題なく維持できると判断し、「日航機が到着した後、海保機を出発させる」という決定を管制に伝えます。この時間は17時44分36秒と記録されています。

続いて17時44分56秒。滑走路担当は最終進入コース上約5マイルの地点にいた日航機に対し、着陸許可を発出します。

この時点で、①日航機到着、②海保機出発、③日航機の後続機到着、④デルタ機出発というプランニングが確定し、あとはそのとおりに航空機を動かすための指示、許可を出すだけという状況であったと推察できます。

管制官の状況❺…海保機にインターセクション・デパーチャーを指示した理由とは

17時45分10秒。誘導路Hを北上していた海保機が滑走路担当を呼びこみます。ここで滑走路担当は海保機に対し、

「No.1, taxi to holding point C5（1番目。C5上の滑走路停止位置まで地上走行してください）」

と、離陸順位が1番目であることを伝えるとともに、海保機の現在位置からもっとも近い誘導路C5からインターセクション・デパーチャー（滑走路の末端ではなく途中から滑走路に入り、ショートカットして離陸すること）で離陸させるために、誘導路C5の滑走路停止位置までの地上走行を指示します。

通常、出発機は滑走路の末端から進入して離陸態勢に入ります。事故が起きた羽田空港のC滑走路では、誘導路C１が滑走路の末端に接続しています。実際、滑走路担当はデルタ機とその次の出発機には、C１へ走行するよう指示しています。

では、なぜ海保機に対しては、インターセクション・デパーチャーを指示したのかといえば、海保機のような小型機は滑走路の全長を使わずに離陸することが可能だからです。そもそも、羽田など長い滑走路を持つ空港では、小型機は滑走路の端から入らずに、インターセクションから入るほうが一般的なのです。

なお、「経過報告」によれば、令和４年10月17日から21日及び12月12日から16日までの計10日間に誘導路C５を経由してインターセクション・デパーチャーにより離陸した航空機は、５９３機（C滑走路出発機の26・７％）であり、インターセクション・デパーチャーが日常的に行なわれていたことがわかります。

ただし、C５への走行を「指示」した、という記述は少し意外に感じました。私の経験上、インターセクション・デパーチャーを行なうときは、パイロットから管制官へ要求が入るか、管制官がパイロットの意向を確認して同意を得ることが原則だからです。

後者の「管制官がパイロットの意向を確認して、同意を得る」理由は、その出発機の使用滑走路長を管制官は知るよしがないからです。

旅客数、貨物量、燃料搭載量などによって離陸重量は変わります。離陸重量によって、使用滑走路長も変わります。つまり、管制官がインターセクション・デパーチャーのために指示した誘導路が、その機の使用滑走路長よりも短くなるという理由でパイロットから拒否される可能性があるわけです。

それでもこのとき、滑走路担当がパイロットの同意を得るプロセスを省いてインターセクション・デパーチャーを指示したのは、おそらくそれが慣例であったから、経験上わかっていたからだと推測します。

滑走路担当の「No.1, taxi to holding point C5」という指示に対し、海保機は、

「Taxi to holding point C5 JA722A No.1, Thank you（滑走路停止位置C５に向かいます。1番目。ありがとう）」

と復唱しました。滑走路担当は、この復唱に間違いがないことを確認し、かつ海保機が指示どおりに誘導路C５へ走行していることも目視で確認したと述べています。

事故直後のマスメディアによる報道ではあまり注目されていませんでしたが、私がこの交信記録を見て不自然に感じたのは、ここで管制官から「Hold short of runway（滑走路手

前で待機せよ)」という指示がなかった、ということです。

「Hold short of runway」は管制官が頻繁に使う基本的な指示の1つです。今回のように滑走路手前で停止しなければならないケースでは、管制官は「Hold short of runway」と指示し、パイロットはかならず復唱するよう、管制方式基準（管制業務、飛行情報業務、緊急業務を適切かつ確実に実施するための方式、基準）に定められています。

もし、パイロットからの復唱がない場合、それを復唱させるための手順、用語も定められています。管制官としては、何がなんでもパイロットに復唱させないといけない用語の1つです。つまり、この交信は管制方式基準に則っていないということになり、これはまず真っ先に指摘されなければならないポイントだと思います。

ただし、「経過報告」にも記載がありますが、滑走路手前待機の用語とインターセクション・デパーチャーを指示する際の用語とは異なる章立てで規定されており、解釈によってはインターセクション・デパーチャーを指示する際は「Hold short of runway」の指示が不要になると読めなくはないものとなっています。この詳細については、次章で解説します。

さらに滑走路担当は、誘導路C上で海保機の前を走行していた出発機に対し、離陸順位が3番目になることを伝え、滑走路末端にある誘導路C1上の滑走路停止位置に向かうことを指示しています。

一方で、日航機の後続の到着機に対しては、C滑走路への進入の継続を指示するとともに、着陸順位が2番目であることを伝え、その前に海保機を離陸させるための間隔を確保するために減速を指示しました。

この時点で、滑走路担当は、交信中の5機の航空機について、

＊海保機が誘導路C5に入ったこと
＊到着の日航機に着陸許可を発出したこと
＊デルタ機が誘導路C1で停止していること
＊日航機の後続の到着機に減速を指示したこと
＊デルタ機の後続の出発機がD滑走路へ向かう出発機2機の後方にいること

を確認しています。ここまでは思い描いたプランニングどおりに進んでおり、後はしっかり各機を監視するだけ、という状況です。

管制官の状況❻…15分後に着陸する機についての調整が入る

17時46分11秒。滑走路担当にレーダー調整席から、約15分後に着陸する予定の飛行機について、進入機の間隔を短縮したいという要請が入ります。

なぜ、このタイミングで滑走路担当に話しかけたかといえば、レーダー調整席も滑走路担当の交信を聞いており、滑走路担当の各機への指示が終わり、交信が一瞬落ち着いたと判断したからでしょう。

「経過報告」には、17時46分13秒に海保機がC5の滑走路停止位置を通過して滑走路に入った記録が図示されています。このやりとりが、海保機が誤進入するまさにその瞬間を見逃す1つの要因となったと考えられます。

滑走路担当は空港にいる航空機の位置情報や、滑走路上に飛行機がいた際に到着機が近づいたことを知らせる注意喚起などが表示されるTAPS（空港管制処理システム）の画面を確認し、15分後に離陸予定の機が多いことから、この要請を断ります。

本来、この業務は「TC」と呼ばれる滑走路担当と滑走路担当のあいだを調整する役割の管制官の所掌です。そのため、滑走路担当はTCにも要請を断ったことを伝えました。

　このように、滑走路担当の管制官は、外を監視しながら、突然飛びこんでくるさまざまな業務を処理しつつ、さらに頭のなかでは直近の状況を読みながらプランニングする作業を行なう状況にあったわけです。

管制官の状況❼…事故直前から発生まで

　レーダー調整席からの要請を断った滑走路担当はこの後すぐ、誘導路C1で待機中のデルタ機の後方でD滑走路へと向かうために誘導路Cを地上走行していた出発機が停止していることに気づきます。

　この機がC滑走路へ向かう出発機であれば、離陸待ちのためにデルタ機の後続で待っているというだけですが、この機が向かう先はD滑走路です。

　誘導路Cを走行してD滑走路へ向かうには、デルタ機の機体後方を通って右折することになります。この状況を見た滑走路担当は、デルタ機の尾翼と、右折のために旋回する航空機の翼端が接触する恐れがあると感じたために出発機が停止していたのではないか、そうであれば、デルタ機に前進するように指示しなければと考えました。そして、地上担当のほうに体を寄せて様子をうかがったと「経過報告」に記されています。

17時47分12秒。衝突の15秒前。滑走路担当が地上担当のほうに体を寄せた瞬間、ホットマイク（管制席間で直接会話できるインターホン機能の1つ。相手席の外部スピーカーに一方的に通報できる）を通して、「日航機はどうなっているか」という出域調整席の声が響きます。

しかし、滑走路担当はこの問い合わせの意図を把握できず、「日航機はゴーアラウンド（着陸やりなおし）するのではと考えた」と述べています。

17時47分22秒。衝突の5秒前。滑走路担当は、日航機の後続の到着機に対して、最低進入速度までの減速を指示します。最初の交信時に160ノットまでの減速を指示していましたが、さらなる減速を指示することで、海保機を離陸させる時間を確保する狙いだったと考えられます。

そして、日航機が誘導路C5前を通過したらすぐに、海保機に対して滑走路上における待機を指示できるよう、日航機の動きを目で追っていたといいます。この時点でも海保機が滑走路にすでに進入し、待機していたことは認識できていませんでした。

日航機が誘導路C5のあたりを通過したとき、炎が上がりました。衝突の瞬間です。

衝突後の17時47分29秒。出域調整席は再度、ホットマイクで滑走路担当に対して日航機の状況を確認しましたが、応答はありませんでした。

17時47分40秒。管制所は緊急電話を使用し、C滑走路上で火災が発生したことを空港事務所空港保安防災課、運航情報官及び東京ターミナル管制所へ一斉通報しました。

以上が当日の海保機、日航機、そして管制塔の動きになります。

この裏で何が起きていたのか。事故を防ぐ手立ては本当になかったのか。これらについて、次章で私の見解を解説していきます。

2章

事故はなぜ、回避できなかったのか？

前章では、事故発生に至るまでの各所の状況を解説しました。「中間取りまとめ」で公表された交信記録のみでは判然としなかった事実が「経過報告」で判明しています。本章では、前章で述べた経緯を、もう少し深掘りしていきます。

インターセクション・デパーチャーの指示は適切だったか?

滑走路担当が海保機に行なったインターセクション・デパーチャーの指示については、羽田空港の内部規定が「経過報告」に記されています。「羽田空港において、航空管制官は、滑走路34R（C滑走路）からの出発機に対し次のような場合にインターセクション・デパーチャーを指示する」というものです。4つのケースに大別（たいべつ）されます。

①パイロットからインターセクション・デパーチャーの要求があり、他の航空機との管制間隔設定に支障がないと判断する場合

②出発機が連続する場合であって、最初の出発機がインターセクション・デパーチャーにより離陸することで後続の出発機との管制間隔が効率よく設定できると判断する場合

③地上走行中の出発機を着陸のため進入中の到着機よりも前に離陸させようと予定する場合であって、出発機が滑走路末端まで地上走行せずにインターセクションを経由することにより予定のタイミングで離陸できると判断する場合
④何らかの理由により、地上走行と異なる順番で出発機を離陸させる場合

航空管制には「First come, First served」という原則があります。平たくいえば、「早い者勝ち」ということです。空港における管制でいえば、滑走路に近い航空機を先に地上走行で優先しますし、離着陸の関係では離陸機、着陸機のうち先に滑走路を使用可能な位置にいる航空機を優先します。今回の事故でいえば、あとからきた海保機よりも最初に滑走路の末端に到着したデルタ機を最初の出発機とするのが基本です。

公平性、中立性の観点からもそれが原則ではありますが、大型のデルタ機は離陸できないが小型の海保機であれば離陸できる、と判断できるような交通状況の場合は、インターセクションにいる機の離陸順位を繰り上げて先に出発させてもよいという規定になっています。

1番機が出られないことには変わりはないので、その隙に別の機が出られるなら空港全

体の運用効率化の観点では利があるという考え方です。
①〜④のケース、とくに④の「何らかの理由により……」を読んで感じるのは、「ほぼNGなし」でインターセクション・デパーチャーを活用した離陸順位の変更が可能といえる規定であるということです。

「滑走路手前における待機」は、どう規定されているか？

通常、滑走路に近づく出発機に対して、ほかに滑走路を使用する予定の機がいなければ、管制官は何事もなく離陸許可を発出（はっしゅつ）することができます。

しかし、そうではないケースも多くあります。たとえば、到着機を先に降ろす、先行の出発機がまだ離陸滑走を開始していない、滑走路を横断中の機があるなどです。そのような場合、滑走路の手前での待機を指示することになります。

管制方式基準には、滑走路手前における待機について、以下のように規定されています。

「交通状況により航空機を滑走路に進入させられない場合は、滑走路手前での待機を指示するものとする。この場合、必要に応じて交通情報を当該機に提供するものとする。
★滑走路〔番号〕手前で待機してください。(〔交通情報〕) HOLD SHORT OF RUNWAY〔number〕.(〔traffic information〕)」

この規定はシンプルです。滑走路に進入させられない状況においては、出発機が滑走路に入らないように、「滑走路手前待機」を直接的に意味する「HOLD SHORT OF RUNWAY」を指示するということです。

また、管制方式基準にはインターセクション・デパーチャーに係る手順について、以下のように記されています。

a 管制官がインターセクション・デパーチャーを指示する場合は、パイロットの同意を得るものとする。ただし、ＡＩＰ25等に記載された方式による場合を除く。
〔例〕All Nippon 1843, do you accept C8B intersection departure? All Nippon 1843, we accept C8B.

b (中略)

c　インターセクション・デパーチャーを指示又は許可する場合であって、直ちに当該機を滑走路に進入させられないときは、使用するインターセクションに係る滑走路停止位置までの走行を指示するものとする。

〔例〕JAL3051, taxi to holding point A10.JA001G, A2 intersection approved, taxi to holding point A2.（以下略）

以上のうち、c項の〔例〕に注目してください。海保機に対して滑走路担当が発出した「No.1, taxi to holding point C5」はこの〔例〕に沿ったものです。報道でも、この日本語訳があいまいになっているものが見受けられますが、英語において動詞が異なることに着目すべきです。「taxi to」は「○○まで（に向けて）走行せよ」であり、「hold short」は「○○の手前で待機せよ」という意味です。この2つは「行け」と「止まれ」ぐらいニュアンスが違うものです。

しかしながら、規定上では解釈が分かれるところだと思います。インターセクション・デパーチャーに係る手順のc項に従って指示をした、ということは正しく通りそうです。一方で、このように解釈することもできます。c項はただちに当該機を滑走路に進入させられないとき、という条件における規定です。そうではないとき、つまり離陸許可や滑走路進入許可が出せる状況のときは、通常どおり離陸許可や滑走路進入許可を出すことになります。それができないときのためにc項があるという解釈です。

そもそもこの「Taxi to ○○」という用語は、ターミナルビルを離れて最初に滑走路へ向けて地上走行を指示する際に使用するものです。パイロットに対して、「これから指示する走行経路のゴールは○○である」ということを明示するために使用されます。

そして、それは「滑走路手前停止線」を意味します。この指示を受けた航空機が滑走路手前に近づいたとき、離陸許可や滑走路進入許可を出せない状況においては、かならず「Hold short of runway」を復唱させること、という流れです。

インターセクション・デパーチャーに係る手順においてもそれと同じだと考えれば、c項によって地上走行経路が変更された場合でも「Hold short of runway」の復唱は必須だと考えることができます。

しかし、規定の解釈など、パイロットからすれば気にするところではないでしょう。大事なのは誤解しない、誤解されないコミュニケーションです。その点でいえば、過去に生じた滑走路誤進入事案の調査報告書において、「Hold short of runway」という用語がパイロットに滑走路手前での待機を意識付けるうえで有効であるとの結論が示されていることは重要です。

私自身は、こうした経緯から「Hold short of runway」を復唱させられなかった航空機が滑走路に入ってしまった場合、全責任は管制官にある、というつもりで仕事をしていました。羽田の事故のケースに照らし合わせれば、「Taxi to holding point C5, hold short of runway 34R」を合わせて指示していましたし、滑走路手前待機の復唱も確実にとるように心がけていました。

じつは「Taxi to ○○」という用語を使って地上走行時のゴールを明示する規定は、2012（平成24）年に登場した比較的新しいものです。国際ルールでこの用語が導入されることが決まったとき、「taxi to」と「hold short」という、似て非なる意味の用語が併用されることに安全上の懸念を感じたことを覚えています。

現場を知る身としては、c項の「taxi to」は変更して、「Hold short of runway〔number〕at〔インターセクション名〕」と置き換えることを推奨します。そうすると、地上走行の指示が抜けてしまうではないか、という指摘が入ることになるでしょうが、安全なコミュニケーションを実現するためには、建前論に蓋をすることも必要だと強く思います。

支援システムによる注意喚起の見逃しが起きた理由

「経過報告」によると、海保機がC滑走路に進入したとき、そのことを検知する「滑走路占有監視支援機能」は正常に作動しており、注意喚起を表示していました。しかし、滑走路担当を初め複数の管制官は気づくことができず、結果として注意喚起を見逃す結果となりました。

滑走路の占有とは、出発機もしくは到着機が滑走路上にいる状態、もしくは滑走路上に何らかの物体があるという状態で到着機が接近している――つまり二重に滑走路を使用している状況です。

「滑走路占有監視支援機能」は到着機が近づくなかで出発機が滑走路に入ろうとすると、モニター画面上の滑走路や航空機の色が黄色や赤に変わり、管制官に注意をうながすというシステムです。羽田空港では、「到着機の滑走路進入端通過予測時刻の48秒前以降、他の航空機等が同滑走路の停止位置標識の内側（滑走路側）に存在すると判定された場合に発動する」ことになっています。

事故当時の状況

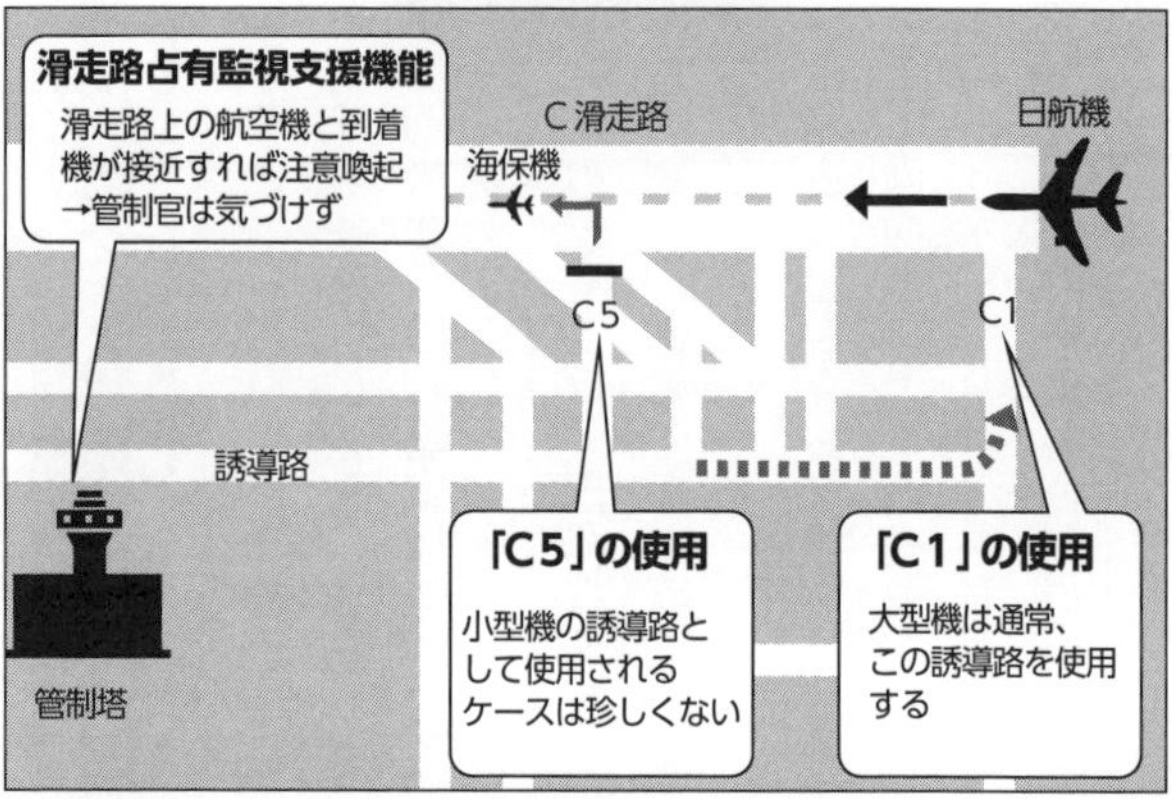

このシステムは有用ではありますが、安全上の冗長性を持たせるために、ある程度の誤差が生じることが考慮されています。

つまり、滑走路の占有が重なっていない場合にも発動することがあるのです。

また、「到着機が近づくなかで出発機が滑走路に入ろうとする」というシチュエーションは航空管制の現場ではよくあることであり、通常の管制処理の範囲内だといえます。そのように管制官が意図的に行なっている状況でも、注意喚起が発動する場合があるというシステムなのです。

マスメディアによる報道では、このシステムについて「誤進入を検知する」と表現されることがありますが、これは誤解を生む表現です。

システムは、あくまで航空機の位置情報をもとに接近していることを判定し、注意喚起しているに過ぎず、その動きが管制官の指示どおりなのか、指示に反しているのかを判別するものではありません。その点をよく理解していただきたいと思います。

この支援システムについて、「経過報告」には、事故発生時の滑走路担当による以下のコメントが記されています。

「実際に滑走路の占有が重なっていない場合にも注意喚起が表示されることがあることから、また、音声アラームもないことから、ふだんから当てにしづらいと感じており、目視による状況把握を支援してくれるシステムであるとは考えていなかった」

そして、事故発生時も「同支援機能による注意喚起が表示されていたかどうか認識していない」と述べています。

滑走路担当だけでなく、地上担当も、「TC」と呼ばれる滑走路担当と滑走路担当のあいだを調整する役割の管制官もまた、同様のことを述べています。

つまり、管制官にとっては、警報があまりに頻発（ひんぱつ）するため、注視して何らかの対応をとるほうが手間となる〝狼少年〟のようなシステムとして扱われていたということです。

「出域調整席からの通報」が事故回避の最後の機会だった

「経過報告」を見ると、管制官が事故を回避できたかもしれない最後の機会は、衝突の15秒前、出域(しゅついき)調整席からの確認の音声が記録されていた瞬間だったと考えられます。

このとき、各管制官のモニター画面には「滑走路占有監視支援機能」の警報表示が示されていました。TAPS(空港管制処理システム。41ページ参照)は、管制塔の管制席だけでなく、レーダー室の管制席も同様のものが備えられています。

前項でも述べたとおり、「滑走路占有監視支援機能」の注意喚起は頻繁(ひんぱん)に表示され、そして消えるものでした。

しかし、15秒前になっても注意喚起の表示が継続しているということは、それなりの理由があるということを意味します。

17時47分12秒。出域調整席は滑走路担当に「日航機はどうなっているか」と問いかけます。少なくとも、出域調整席と出域席はレーダー室のTAPSで、海保機がまだ滑走路内にいるのに日航機が接近を続けていることを認知していたものと考えられます。

このとき、出域調整席は相手席の外部スピーカーに一方的に通報する「ホットマイク」を使用しました。「ホット」という言葉からもイメージできるように、緊急性の高いときに用いられるものです。

ホットマイクを使うと、相手の管制官だけでなく、その周辺の席の管制官全員に聞こえるぐらいの大きさの声がスピーカーから響きます。スピーカーボリュームを絞っていた場合は音量が下がりますが、基本的にこのボリュームは最大量に設定されています。

「経過報告」には、滑走路担当は「着陸のため問題なく滑走路へ進入を続けているように見えたため、出域調整席からの問合せの意図が分からなかった」「復行（ふっこう）（ゴーアラウンド。着陸やりなおしによる上昇のこと）するのではないかと思い、引き続きB機（経過報告書で定義された呼称。日航機のこと）を注視した」と述べていると記されています。

到着機がゴーアラウンドを行なうと、滑走路の直上を通過しつつ上昇します。その場合、出発機の飛行経路に近い動きとなるため、ゴーアラウンド機は原則、出域席の管轄（かんかつ）となります。

出域調整席はゴーアラウンドした場合に備えて、滑走路担当に調整を行なっているのであり、通常の運用でも見られるアクションです。

「注意喚起表示の誤差」が管制官の判断に影響を及ぼした

出域調整席が滑走路担当に問い合わせた「日航機はどうなっているか」という言い方について、なぜもっと直接的に「海保機が滑走路に入っているぞ」、あるいは「日航機はゴーアラウンド」といわなかったのでしょうか。その理由は2つ考えられます。

1つ目として、滑走路占有監視支援機能の信頼性が低かったということが挙げられます。先にも触(ふ)れたとおり、滑走路占有監視支援機能の注意喚起は、現場の管制官から「当てにできるものではない」という評価がなされていました。

それが理由なのかは判然としませんが、注意喚起は画面上の表示のみで音が出る仕組みにはなっておらず、注意喚起が出た際に管制官がとるべき手順も規定されていませんでした。おそらく、規定してしまうと管制官の負荷が高まるデメリットのほうが大きいという認識だったものと思われます。注意喚起表示の信頼性が低ければ、出域調整席も自信をもって「海保機が滑走路に入っているぞ」とはいいにくいでしょう。

2つ目、管制官は国土交通大臣に代わって管制をする権限を有しています。いってみれば、滑走路担当も出域調整席も同じ国土交通大臣。大臣が大臣に何か口出ししたり、指示を出すというのは、そもそも越権行為なのです。互いに調整は行なうものの、そうそうお互いの領域に踏みこむことはできません。

そのため、本来は離着陸の許可やゴーアラウンドといった滑走路担当が所掌する業務に介入して、「日航機はゴーアラウンド」などとはいえないということです。

しかし、そもそも航空機の離陸というのは、周辺空域の安全性が確保されている前提で許可されるものです。ゴーアラウンドも上昇後にレーダーの管轄空域に入り、出発機と同じ扱いになります。そのため、原則として飛行場管制所（空港の管制塔）はターミナルレーダー管制所（空港のレーダー室）から離陸可能かどうか許可を得てから離陸を指示するという階層構造となっています。

前章の「経過報告」の解説のところで、「出域調整席は滑走路担当に、海保機の次に離陸する航空機に遅延が発生する可能性があることを伝えた」という状況がありましたが、まさにこれは、出域調整席が離陸を一時的に止めることを示唆しています。

注意喚起表示が正しいとすれば、海保機は滑走路に進入している。それならば当然、日航機はゴーアラウンドすることになる。管制塔から目視していて、ゴーアラウンドの指示を行なう権限がある滑走路担当に対し、出域調整席が滑走路担当に伝えられる範囲に収めた言い方で「日航機はどうなっているか」と問い合わせたということなのです。

日航機側に衝突を回避する手立てはなかったのか?

到着機である日航機には、衝突を回避できる可能性はなかったのでしょうか。

管制官は近づいている到着機に対し、着陸についての「許可」を出します。「指示」ではありません。これは、管制官が着陸を許可したとしても、パイロットは危険を感じたときに自主的にゴーアラウンドをしてもよいという意味合いが含まれています。そのため、もし日航機のパイロットが海保機の存在を認識できていたならば、衝突回避のためにゴーアラウンドを行なうことができました。

日航機のコックピットには3人のパイロットがいました。それぞれ着陸前には滑走路を目視で確認していましたが、海保機の進入には気づいていませんでした。コックピット内の音声記録にも、衝突前に海保機の存在を思わせる会話はされておらず、衝突後に初めて「小型機いましたね」という発言が出たことが記されています。

マスメディアは「日航機は海保機の存在を認識していなかったと推測される」と報道しています。しかし、もし夜間において、ボンバルディア式DHC－8のような小型機は到着機から視認できないと結論付けるのであれば、国際ルールを変更する必要があるほどの大問題に発展します。

そうかといって、日航機のパイロットを責める論調にしたいわけではありません。実際、管制塔にいても、日中に比べて夜間の航空管制の難易度は確実に上がります。人間の目は暗い環境に非力なのです。

羽田事故と類似の環境で日航機が視認できるかどうかを検証し、視認は困難だったとなれば、航空機の主翼や尾翼の灯火を目立つように工夫をするか、それも難しければ、夜間運航を許可する条件を厳しくするなどのルール変更が求められると考えます。

「No.1」の使用停止から使用再開に至るまでの経緯

ここまで、「経過報告」と「中間取りまとめ」に記載されていた交信記録を読みときながら、改めて事故の経緯を振り返ってみました。

事故発生から1週間後の1月9日、国土交通省（国交省）は「航空の安全・安心確保に向けた緊急対策」を発表しています。その多くは、復唱の確認など基本動作の徹底、監視体制強化のための管制官増員など従前（じゅうぜん）から行なわれていたものでしたが、なかでも私が注目したのが、航空機の離陸順序を示す情報（№1、№2など）の提供を1月8日より禁止したことでした。

しかし、6月に発表された「中間取りまとめ」には、1月末から2月にかけて管制官とパイロットの交信に関する緊急会議が開催され、パイロットから「№1」などの離陸順序の提供は「離陸準備等において有益」との意見が出されたと記されています。そして、国交省はこの「中間取りまとめ」の発表と前後して、「№1」の使用を再開させるとしました。

私にはこの一連の経緯に、現在の航空業界が抱える問題、世の中の多くの組織に共通するであろう問題が象徴されているように思えるのです。

まず、マスメディアや専門家が事故直後に「№1」に着目し、事故を引き起こした要因の1つだと指摘したことについては、私も無理もないことだと思います。交信記録を見る限り、ほかに決定的な要因を示すような不自然なやりとりが見当たらなかったからです。

それでも、交信記録だけからすべてを導き出そうとするのは危険です。すでに述べてきたように、交信記録からは読みとることができない背景や、ほかの要素もあるからです。

では、なぜ国交省は事故から６日という異例の速さで、「№１」の使用を禁止するという具体的な措置をとったのでしょうか。

これは、過去のある事例が関係しているのだと思います。それは、１９７７（昭和52）年に起きた「テネリフェの惨事」と呼ばれる史上最悪の航空事故です。

場所はスペイン領カナリア諸島のテネリフェ島、英米では人気の観光地です。事故の当日、近隣の大空港に爆破予告があり、テネリフェ島の空港は緊急避難した飛行機で混雑していました。

爆破予告が虚偽であることが判明すると、それぞれの飛行機は本来の目的地に向かうために動き出します。そうしたなか、滑走路上でパンアメリカン航空とＫＬＭオランダ航空のジャンボ機同士が衝突し炎上。両機の乗員乗客５８３人が死亡する大惨事となりました。

1つの言葉だけに着目して、事故を論じるべきではない

テネリフェの惨事の原因は、不運な要因が重なったものといわれていますが、そのなか

の1つが交信の誤認でした。ＫＬＭ機のパイロットが管制官の「OK,……Stand by for take off（着陸準備をして待機せよ）」の指示をうまく聴きとることができず「take off」だけを認識して、離陸動作に入ってしまったこととされています。

そして、この事故以降、「take off」という言葉は、離陸許可及び離陸許可の取り消しのときのみ使用可となり、それ以外のシチュエーションで使用することは禁じられました。そのため、「departure」などの言葉で代用されているという実情があります。たとえば、「離陸準備をして待機せよ」は「Stand by for take off」ではなく、「Stand by for departure」と指示することで誤認を防いでいます。

私は、今回の「№1」使用停止の決定には、このテネリフェ事故の「take off」使用停止が念頭にあったのではないかと考えています。

人間は理解できないことが起きたとき、何かにつけて「決めたがる」本能が働きます。それゆえに、何か大きな事象が起こるとすぐに過去を参照し、似た事例を見つけようとします。テネリフェの惨事は、航空業界ではよく知られた大事故ですが、羽田の事故と比較してみると、いくつもの共通点があることに気づきます。

まず、テネリフェでは出発時刻が大きく遅れており、パイロットが焦（あせ）っていたというこ

「テネリフェの惨事」現場見取り図

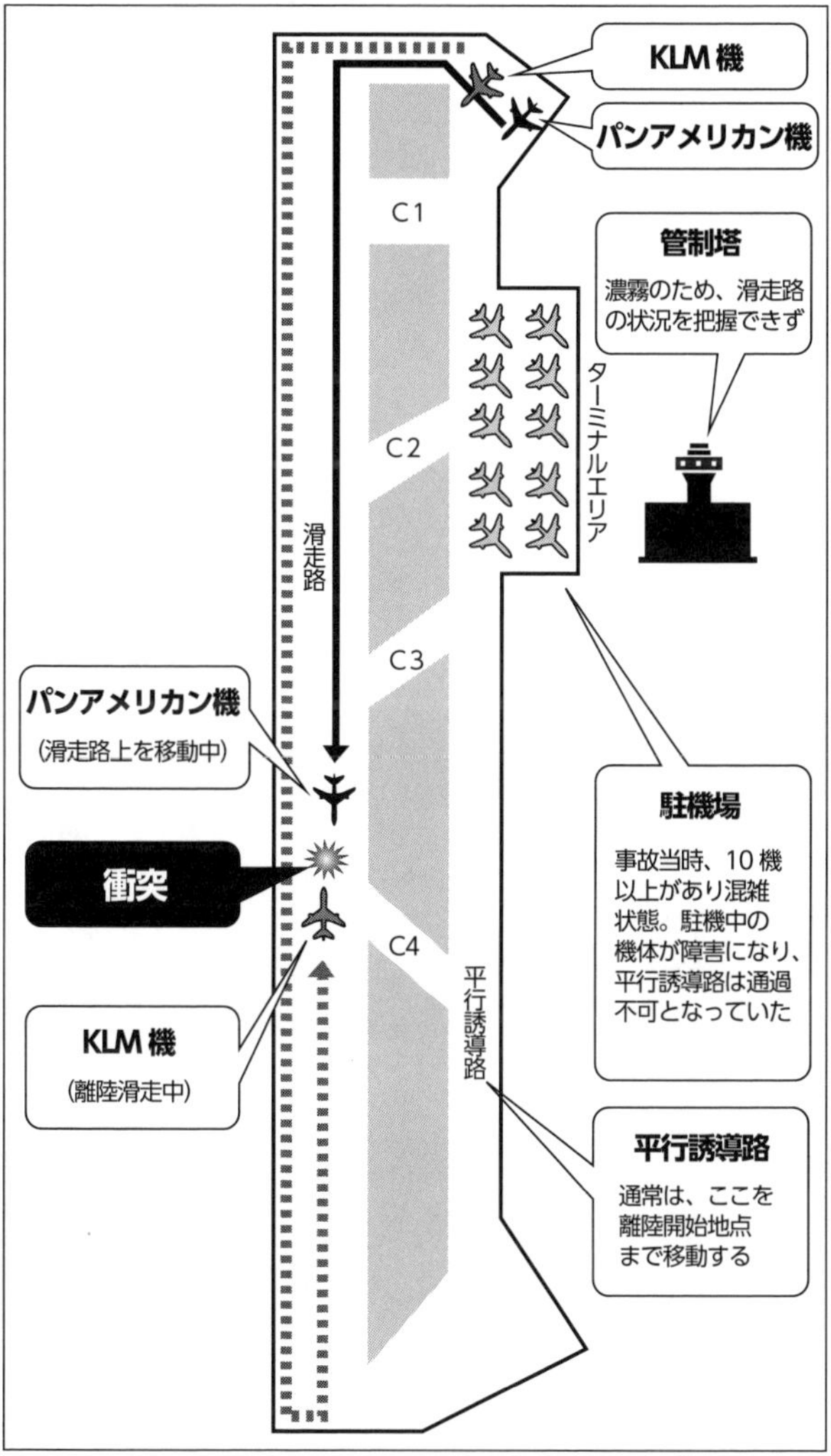

とが挙げられます。羽田の事故でも、海保機の機長は羽田に戻った後の乗組員の帰宅方法を考慮し、出発を急いでいたことが「経過報告」で明らかになっています。

また、テネリフェでは事故当時、濃霧が発生しており、非常に視界が悪い状況でした。羽田もすでに日が落ちており、とくに小型機は視認しにくい状況にありました。そして、先に述べた「交信の誤認」です。

テネリフェの惨事の後、同様の事故防止対策の1つとして、「take off」という言葉の使用を禁止した――この事例を参考に、今回も「No.1」を禁止する措置をとったのだろうと推測することができます。

一方、マスメディアは、わかりやすい結論を求めるあまり、「No.1」という言葉に着目しすぎたのではないか。それによって世論が必要以上に引っ張られてしまうことに、想像力を働かせるべきだったのではないか、と私は考えています。

マスメディアがこのように報じているから、テレビに出ている専門家がこうコメントしているから……それのみで、世の中に「何かわかりやすいものを禁止せよ」という空気が醸成(じょうせい)され、その空気が国交省による「No.1」の使用禁止を後押しする。

そう考えると、運航の現場にいるパイロットや管制官、事故の実像を最前線で理解して今も汗をかいている人たちにしてみれば、「〝外野〟は何もいわないでおいてほしい」というのが本音なのかもしれません。

1つの事例だけを見て、交信記録にある1つの言葉だけを見て、「この穴を塞げば、もう安心」というのは間違いです。少なくとも、実際に現場で運用している人たちの意見をしっかり聞き取り、さらに綿密な調査によって、事故の当事者が「なぜ（離陸許可が出ていると）誤解したのか」を明らかにしてからでも遅くないはずです。

そのうえで、この言葉が事故原因の1つであると判明したならば、変更後の影響も考慮しながら運用を検討するべきでしょう。

しかし、調査の最終報告も出ていないのに、過去の歴史を知っているという理由だけで外部の人間が懸念点を指摘したり、事故要因の推察をそのまま報じることは控えるべき。それこそが安全を重んじる行動なのではないか――私自身はそう思いながら報道を見ていました。

こうした事故の要因を考えるときに、まず単純に言葉の問題ではない、ということは、元・管制官として伝えておきたいところです。

テネリフェの惨事の後に、離陸許可及び離陸許可の取り消し以外の「take off」の使用が禁止されたことが正しかったのかという点も、私自身はそうは考えていません。管制官の「Stand by for immediate departure（ただちに出発することに備えて待て）」という指示の「departure」という言葉だけをとらえて「離陸許可が発出された」と思いこみ、離陸を開始してしまったという例も実際に起きています。「take off」の使用を制限したことで、新たな誤認の〝種〟が生まれているのです。

今回の羽田事故で問題になった「No.1」は、管制官のほうから使いたくて使う言葉ではありません。むしろ、パイロットの要求から使われるようになった言葉だといえます。

パイロットは、自分の機が何番目に離陸する予定なのかを、できるだけ早く知りたがります。なぜなら、コックピット内での準備や、乗客に対して「当機はまもなく出発予定です」とアナウンスして状況を伝えたいからです。そのため、「○○便ですが、当機の出発は何番目ですか?」と管制官に聞いてくることはよくあります。

これに対して、「No.1」「No.2」の使用を禁止されたら、管制官は答えることができません。実際、「離陸順序の情報提供（No.1、No.2など）は、離陸準備等において有益」という意見がパイロットから出され、使用停止が撤回されたことは先にも述べたとおりです。

3章

羽田事故後も頻発する管制トラブル

2024（令和6）年1月2日の羽田空港航空機衝突事故は、日本では久しく起こっていなかった滑走路上の死亡事故ということで、世間の耳目を集めました。

しかし、航空の現場では、実際はこうした事故は避けられたものの、一歩間違えば大惨事だったという事例がいくつか起きています。そしてその多くが、離着陸時の管制官とパイロットの交信の行き違い、誤認などが原因です。

この章では、羽田事故以降に起きた2つのトラブルについて見てみましょう。

トラブル事例❶…福岡空港で起きた「日航機の停止線越えによる離陸中断」

2024年5月10日、福岡空港で離陸のための順番を待っていた日本航空312便（以下、日航機）が誘導路上で停止線を越え、滑走路に誤って進入。離陸のために滑走を始めていたジェイエア3595便（以下、ジェイエア機）のパイロットがこれに気がつき、急停止するというトラブルが発生しました。

ジェイエア機の的確な判断が衝突を防ぎ、重大な被害が出ることはありませんでしたが、羽田空港での事故から半年も経たずに起きたトラブルであることから、マスメディアは「管制官と操縦士の行き違い、また」(毎日新聞)などと羽田事故を引き合いに出して大きく報道しました。どのようなトラブルだったのか、経緯をたどりながら検証してみましょう。

この福岡空港の事例は、滑走路に誤って進入したことがきっかけとなった、という点では羽田事故と同じタイプの事故に見えますが、管制官の立場からすれば、似て非なるケースだといえます。

まず、ヒューマンエラーの発生を考える基本となる「運用環境」が異なります。羽田空港と福岡空港では、誘導路の形状や滑走路の本数などが異なるため、その環境に合わせて管制官の仕事も変わってきます。

羽田や成田のような大規模空港では複数の滑走路があり、何本もの誘導路が網の目のように整備されています。日本には全国で97の空港がありますが、滑走路が2本以上ある空港は、それほど多くありません。

羽田、成田、関空、大阪国際(伊丹)、新千歳、那覇などの主要空港は複数本の滑走路を有しますが、ほとんどの空港は1本の滑走路で運用しています。福岡も主要空港の1つですが、このトラブル当時は滑走路は1本でした(2025〈令和7〉年春より2本の滑走路での運用開始を予定)。

滑走路1本で運用する空港は、滑走路に平行する誘導路が1本あり、駐機場から滑走路の両端に出られるようになっているのが一般的なレイアウトです。

比較的、交通量が多い空港では滑走路と平行する誘導路が2本、そして平行誘導路から滑走路に接続する複数本の取付(とりつけ)誘導路が設けられており、出発のために滑走路の途中から進入したり、到着時に任意の位置から離脱したりできるようになっています。当時の福岡空港はこのタイプでした。

滑走路が1本しかないといっても、通常の運用ならとくに難しいことはありません。滑走路の使用方向は風向きによって決まるので、たとえば南風の場合なら、出発機は北の端(はし)に誘導して南に向けて滑走して離陸、到着機は北から滑走路に進入して南の端で離脱……というように、時計回りまたは反時計回りで出発と到着を同じ方向に流すように交通の流れをつくっていけばいいわけです。

問題は、風向きが変わるときです。風の向きは常に一定というわけではありません。1日のなかで何度も変わる日もあります。

先ほどの例で南風に合わせていた交通の流れは、たとえば北風になれば、今度は南から北に向けて、飛行機を離着陸させることになります。その切り替えの瞬間が、管制官にとっては負荷（ふか）がかかる場面の1つです。

空も地上も〝流れ〟を途切れさせないように注意しながら切り替えますが、とくに地上においては、誘導路が一方通行である以上、走行する方向をどこかで切り替える必要が出てきます。

羽田や成田のように複数の滑走路があり、誘導路も〝複線化〟している空港なら、滑走路運用の向きを変えて流れを逆行させる場合であっても、反対方向に移動する飛行機を別々の平行誘導路へ導くことで対面方向に交差させることができます。

しかし、平行誘導路が1本の場合はそうはいきません。地上を走る2機が対面とならないよう、巧（たく）みなやりくりが必要になります。

こうした場合、もっとも簡単な方法は、出発機をいったん駐機場で待機させ、誘導路・滑走路上からすべての飛行機がいなくなるまで待つ、という方法です。すべての飛行機がいなくなったら、改めて逆向きの流れに誘導します。時間はかかりますが、着実な方法です。

それでも、この方法が常にうまくいくとは限りません。「到着機を駐機場に入れたいのに、前の出発機が待機しているので入れられない」という事態が起こるからです。その場合は駐機場に空きをつくるために地上の飛行機を先に動かしながら、反対の流れをつくっていくことになります。

このような場合、誘導路が複線化されていない空港で、地上担当管制官がよく使う常套(じょうとう)手段の1つに「滑走路を誘導路代わりに利用する」という方法があります。

今回トラブルが起きた福岡空港のケースでは、管制官は日航機を「平行誘導路を通って、滑走路の端まで移動させよう」としていました。この機が風向きの変化による切り替え後の最初の出発機だったのでしょう。

しかし、このときはまだ、滑走路の使用方向を切り替える前の到着機が残っています。着陸後に同じ平行誘導路を使って反対方向からターミナルへ向かう到着機と、滑走路運用切り替え後の出発一番機となる日航機を、どこかですれ違わせる必要が生じました。

そこで管制官は、日航機をいったんE6インターセクションから滑走路に進入させ、到着機とすれ違わせた後に、滑走路を離脱させてふたたび平行誘導路に戻そうと考えました。平行誘導路上での2機の対面状態を解消させる策として、一時的に滑走路を誘導路代わりにして迂回(うかい)させようとしたわけです。

報道によれば、このとき管制官は次のように指示しています。

「E6の滑走路手前で停止せよ。（その後）滑走路を走行し、（別の）取付誘導路から出て平行誘導路の走行を予定せよ」

しかし、日航機のパイロットは滑走路の手前で停止せず、そのまま滑走路に進入してしまったのです。

このトラブルは、滑走路ですでに離陸滑走を始めていたジェイエア機のパイロットがすばやく危険を察知し、十分な距離を保って停止したため、重大インシデントとしては扱われていません。

しかし、接触や衝突に至る可能性があったという意味では軽視できないトラブルです。事実、離陸を中断したジェイエア機は、この後に点検のために駐機場に戻り、その後の運航にも大きな影響が出ています。

「離陸中断」とひと言でいっても度合いがあり、離陸滑走を始めて数秒以内で停止というケースが大半です。この程度であれば、すぐに再離陸に向けて走行を再開し、ほどなくして離陸することができます。

ただし、福岡空港の事例では、ジェイエア機は離陸滑走の速度が上がってから急ブレーキをかけて停止しています。そのため、そのまま再離陸することはできず、駐機場に戻っ

福岡空港「停止線越えトラブル」の現場見取り図

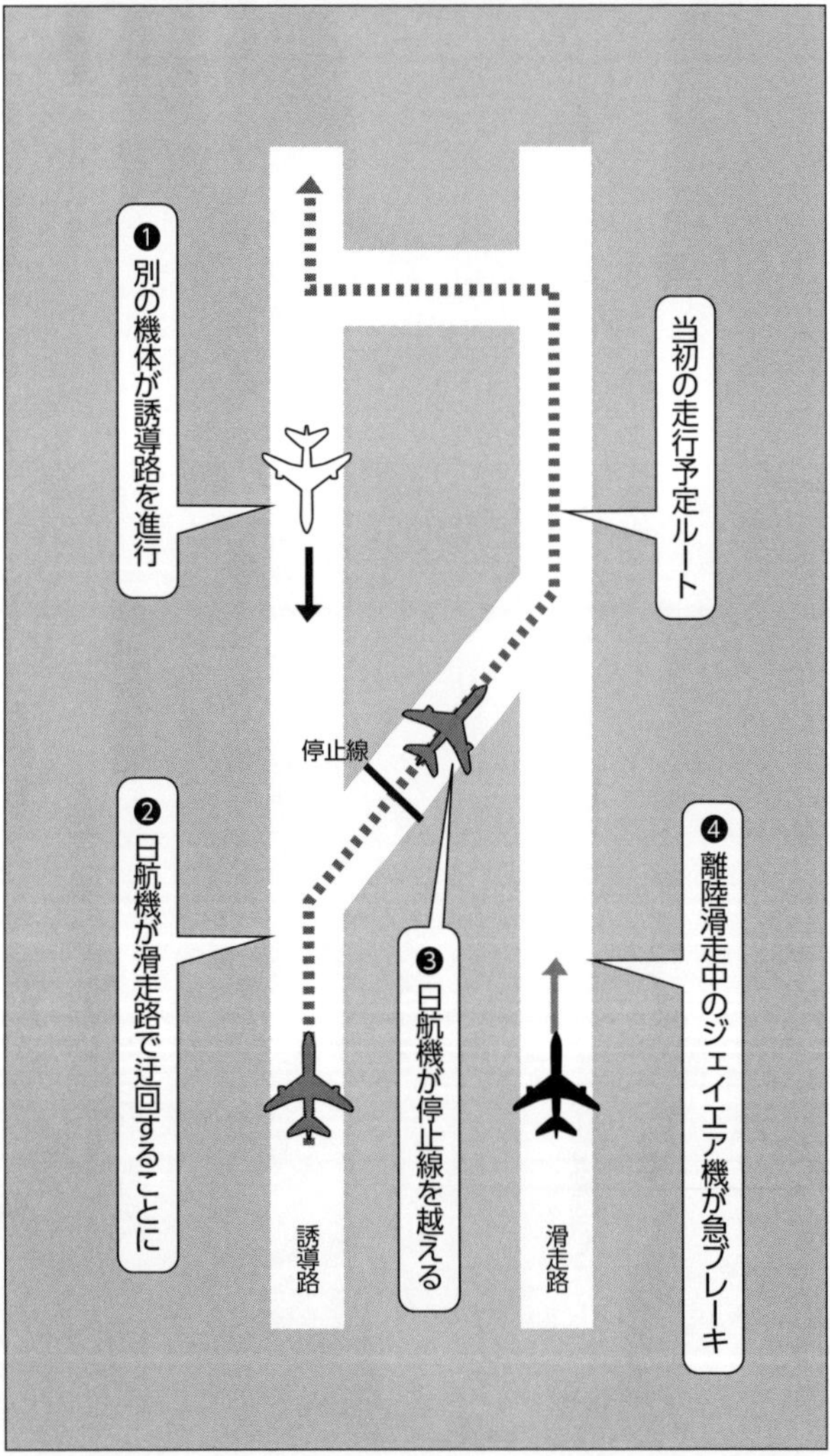

て整備をやり直すことになったわけです。

速度が上がった状態から急ブレーキをかけると、ギアやブレーキパッドが摩擦(まさつ)によって加熱され、最悪の場合はバースト（破裂）することもあります。離陸決心速度（オーバーランや機体にダメージが発生することなく離陸中断が可能な速度）以下だったことは察しがつきますが、それなりに加速したなかでの離陸中断だったといえます。

重大インシデントには該当しないと判断されたといっても、けっして「小さなトラブル」ではなかったのです。

福岡空港のトラブル事例の原因を考察する

では、原因は何だったのか。このとき、日航機のパイロットは本来復唱すべき「滑走路手前で停止」の指示を復唱しなかった、これに対して管制官もまた、停止指示を復唱するよう求めなかった、と報道されています。

ただし、実際の交信記録が公開されていないため、正確なところはわかりません。報道では、日本語化されて指示内容のみが記載されています。この内容と管制方式基準の用語を使用して交信を再現すると、次のような指示が発出(はっしゅつ)されたと予想できます。

＊最初の地上走行開始を伝える指示

「Runway34 taxi to holding point E6 via A（使用滑走路は34、Ｅ６上の滑走路手前停止線まで地上走行を開始せよ）」

＊地上走行後の追加指示

「Hold short of Runway34 at E6, expect taxi via Runway then vacate from another taxiway（Ｅ６上で滑走路手前待機、〈その後〉滑走路を経由し、〈別の〉取付誘導路から出て地上走行を予定）」

この指示に対し、パイロットは管制官に「滑走路に入った後に、（どこの誘導路から抜けるのかなど）地上走行経路について確認を求めた」とされています。

つまり、滑走路を走行することと、その後の経路についてのみ復唱し、「Hold short of Runway34 at E6」という停止指示は復唱しなかったのではないかと推測されます。どこのインターセクションから離脱して平行誘導路に戻ればいいのかを気にするあまり、重要な停止指示が抜け漏れたかたちです。

管制官も同様に「滑走路を走行後に離脱して、平行誘導路に戻れ」というところまで伝えることで、パイロットに自分の意図を理解させることに注力しています。E6以降の走行経路については、指示ではなく、あくまで〝参考情報の提供〟ですが、こうした参考情報に引っ張られて、いつのまにか脳内で「もう、その先の指示までもらった」と解釈が入れ替わってしまうということも起こるのです。

このようなシチュエーションで、管制官から先の情報まで与えられたパイロットは、空港のマップを見て、どこから滑走路に入り、どこから平行誘導路に戻るか、そのルートを確認します。

パイロットとしても、滑走路への滞在はなるべく最小時間で済ませたいという心理が働きます。それゆえに「滑走路から離脱した後の走行経路について確認を求めた」ということなのでしょう。報道でも「パイロットは滑走路を通ることをくり返し確認しているが、滑走路手前で停止することをおそらく認識していなかった」と伝えています。

不注意というのは簡単ですが、こうしたことが起こる前提で構えておくことが、再発防止には重要です。インターセクションから滑走路に入るときは要注意という意識をもって、管制官はなるべく目を離さずに見ていなければなりません。

そういった意識があっても、この事例のように管制官が気づかないケースがあること、そして、ジェイエア機のパイロットが自主的に離陸を中断するということが誘発される理由を探るならば、滑走路変更の流れをつくるために、もっと先の飛行機のことを気にする必要があるから、ということが挙げられます。日航機にはもう指示を出したから、次はほかの飛行機に何を指示するかということに意識が向いてしまったのでしょう。

その点については、羽田空港での事故と類似点があるといえます。滑走路変更やインターセクション・デパーチャーなど、通常と異なる状況には、管制官の意識を奪う魔物が棲すんでいるということです。

トラブル事例❷…サンディエゴ国際空港で起きた「日航機の停止線越えによる着陸やりなおし」

もう1件取り上げるのは、2024（令和6）年2月6日に起きたアメリカ・サンディエゴ国際空港での事例です。

この件も重大インシデントに認定されるほどのトラブルではありませんでしたが、羽田事故からわずか1か月後に起きたということで、マスメディアは大きく取り上げました。「JAL機が米空港でまたトラブル、停止線オーバーしデルタ機着陸やり直し」（読売新聞）というように、どれも「また、日本航空機が……」という論調です。

トラブルの経緯を振り返ってみましょう。この日、日本航空65便（以下、日航機）はサンディエゴから成田に向けて出発しようとしていました。

地上走行を始めてまもなく、地上担当管制官から「誘導路Bを走行し、誘導路B8で待機せよ」と指示されます。

しかし、日航機は誤って別の誘導路B10に進入してしまいます。ここで補足しておくと、「誘導路B」は滑走路と平行に敷かれた誘導路。「B8」「B10」は、ともに誘導路Bから滑走路に接続する取付誘導路です。

B10に進入した日航機は、誘導路内で待機せず、そのまま滑走路内に進入してしまいます。そのため、着陸態勢に入り、接近していたデルタ航空2287便（以下、デルタ機）が、管制官の指示によりゴーアラウンド（着陸やりなおし）する事態となりました。

パイロットが〝道を間違えた〟理由の1つとして、閲覧していた空港レイアウト図（ジェプセンチャート）と実際の誘導路形状が異なっていたことが挙げられています。読売新聞は以下のように報じています。

「航空機が通れない楕円状の非走行区域（アイランド）があるのは、滑走路の手前だけなのに、65便のパイロットは、簡略化された地図表示を見て、誘導路B手前にもアイランドがあると誤認。アイランドを『目印』にしていたパイロットは、右折して入るはずだった誘導路Bを横断し、指示になかった『B10』に入ったうえ、停止線を越えた」

つまり、管制官側には何も落ち度がなく、パイロットが勘違いしたというのがマスメディアの論調です。管制官との交信については触れられていません。

しかし、実際の交信を聞いてみると、もう少し違った見方が可能であることがわかります。交信記録を参照しながら、見てみましょう。

駐機場から出た日航機は、滑走路と平行する誘導路Bの西端に移動します。ここで管制官から次のような指示を受けます。

「誘導路Bを進んでください。その後、B9で停止し、その後バックタクシーしてもらいます（You can proceed onto B, hold short of the runway at B9, You can expect the back taxi）」

バックタクシーとは、滑走路の使用方向とは反対方向にタクシー（地上走行）すること。ここでは、日航機に指定した滑走路の使用方向とは反対向きに走行することを意味しています。

注意しておきたいのは、のちにゴーアラウンドすることになるデルタ機は、日航機の出発方向の反対側から滑走路に入ろうとしている、ということです。つまり、このときまさに、滑走路の方向を切り替えようとしている最中だったことがわかります。福岡空港の事例と同じです。

この指示に対して、日航機が復唱します。

「誘導路B。B9で停止」

すると、すぐに管制官が次のように指示しました。

「いや、誘導路Bを進んで、B8で停止してください（Actually, just proceed onto B. You can hold short of B8)」

「誘導路B。B8で停止」

と日航機が復唱。

この直後に、日航機は本来右に曲がって誘導路Bに入るところを行きすぎて、B10から滑走路に進入してしまうわけです。

サンディエゴ国際空港のトラブル事例の原因を考察する

〝道を間違えた〟のは明らかに日航機のパイロットの過失ですが、この一連の交信にヒューマンエラーを誘発するきっかけを見ることができます。

まず、管制官の指示のタイミング。先ほどの交信は、日航機が駐機場から離れて誘導路Bに差しかかったあたりで行なわれています。

おそらく、コックピット内では操縦士と副操縦士がマップを見ながら場所の確認をしていたはずです。誘導路Bに入るにはどこで曲がればいいのか、そこに集中していたことでしょう。

その最中に管制官から誘導路Bに入った後の動きを指示されます。しかも、その指示はパイロットが誘導路Bを曲がるのを待たずに、すぐ変更されています。「誘導路Bを進んだ後、B9で停止、その後バックタクシー」から「B8で停止」と。

コックピットで確認中に何度も話しかけられ、先の情報までも把握しておくよう負荷(ふか)をかけられたことが、目の前の運航に対する集中力に影響しなかったといえるでしょうか。

サンディエゴ国際空港「停止線越えトラブル」の現場見取り図

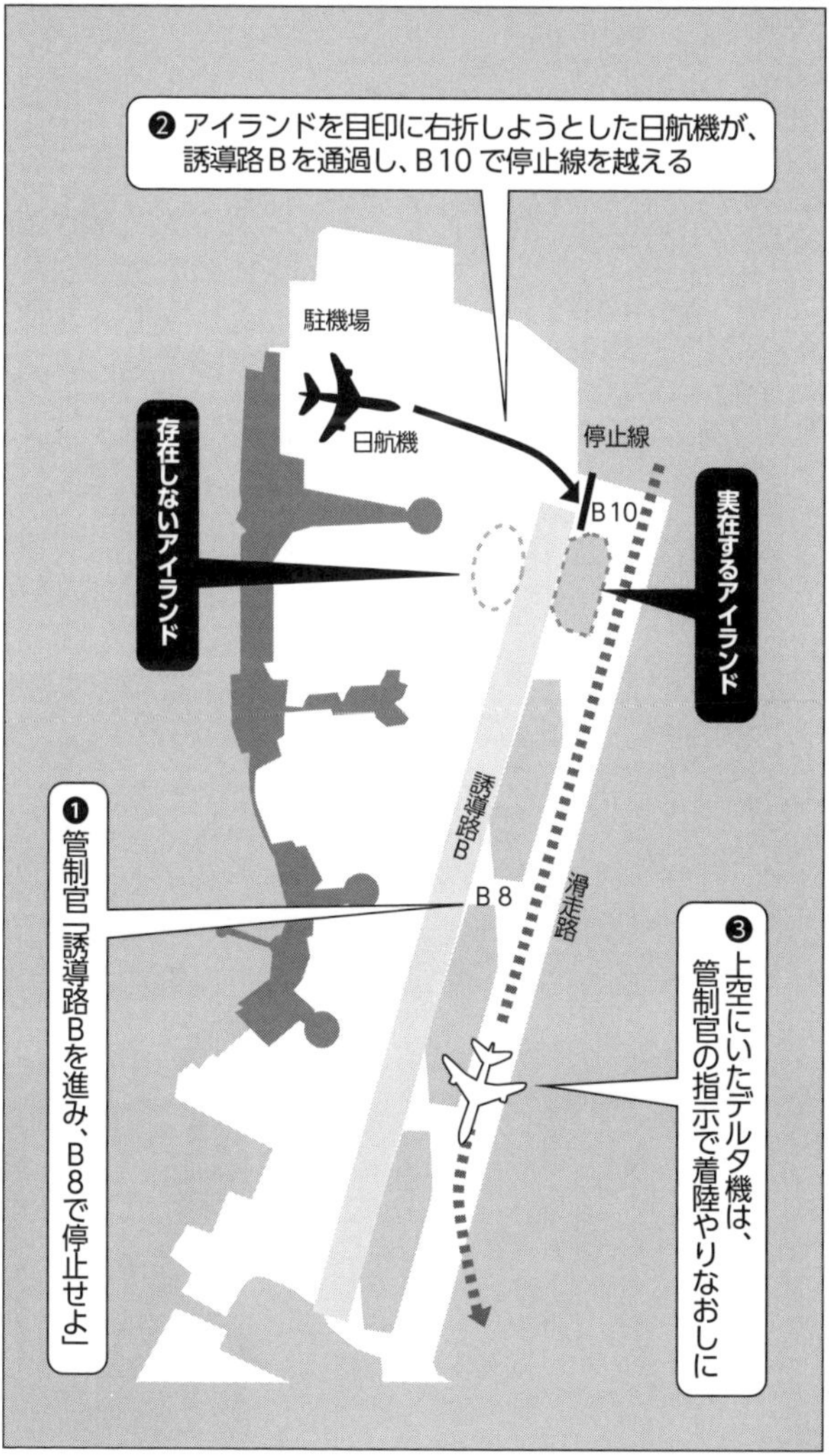

このとき、管制官の指示は「誘導路Bに進んでください」のみにとどめるべきでした。パイロットに誘導路Bへ進むことに注力させ、管制官は指示どおりに誘導路Bに入ったかどうかをしっかり監視すれば、パイロット視点ではありがたかったということです。

「B9で停止」の指示は、道を間違えずに曲がったことを確認してからでも十分に間に合うのです。さらにいえば、その時点で指示を出していれば、最初から「B8で停止」することがリーズナブルであるとわかったかもしれません。

ところが、これも人間が持つ1つの性質なのでしょう。自分が思いついたことは忘れないうちにいってしまおうと考え、「誘導路Bを進み、その後B9で停止。その後バックタクシーしてもらいます」と先のことまで伝えています。

これに対してパイロットは、すべてを復唱していません。「誘導路B。B9で停止」だけにとどめています。バックタクシーの部分は後で確認すればいいと考え、曲がる位置を把握することだけに集中していたのかもしれません。話しかけるタイミング、参考情報、指示の訂正など、パイロットが脳内で処理し、整理している最中で、たび重なる負荷が加わったことが、リスクを高めた可能性があります。

この管制官はおそらく、日航機を滑走路手前で停止させておき、そのあいだにデルタ機を着陸させ、その後にデルタ機の後ろを通るようにして日航機を滑走路に進入させる計画だったのでしょう。

この事例について、報道で触れたのみの人は、「ただパイロットが道を間違って滑走路に進入したことが原因のトラブル」だと思ってしまうことでしょう。しかし私は、表面的にはパイロット単独のミスに見えたとしても、その背景には複合的な要因が潜んでいると考えています。

トラブル事例❸…クアラナム空港で起きた「滑走路上での出発機と到着機の接触事故」

羽田空港での事故の後、航空ファンのあいだで注目された事故事例があります。滑走路上で2機の飛行機が接触したケースで、死傷者はなく、双方の機体の一部を損傷したのみの被害にとどまりました。

航空史のなかで大きく扱われるような大きな事故ではありません。それにもかかわらず、羽田事故とよく似ている部分が多いということで、航空系YouTuberに取り上げられた事例です。

事故が起こったのは、2017（平成29）年8月、インドネシアのクアラナム空港です。午前10時15分出発予定のウィングス・エア1252便（以下、ウィングス・エア機）が、管制官の指示を受けて滑走路へと向かいます。

ウィングス・エア機のパイロットは、インターセクション・デパーチャーを要請し、滑走路担当管制官はこれを許可。このとき、上空からはライオンエア197便（以下、ライオンエア機）が着陸のために滑走路へ向けて降下を続けていました。

管制官はウィングス・エア機に対し、ライオンエア機の着陸後に滑走路に進入するよう指示を出しましたが、ウィングス・エア機は滑走路手前で停止せずにそのまま進入。着陸態勢に入っていたライオンエア機のパイロットがこれに気づき、進路を右にずらして避けようとしたものの接触。ライオンエア機の左の翼とウィングス・エア機の右の翼が破損しました。

この事故と羽田事故の共通点をいくつか挙げてみましょう。

＊同一の滑走路で離陸と着陸を扱う運用だった

＊出発機がまだ地上担当管制官と交信しているときに、滑走路担当管制官が到着機に着

陸許可を発出している
＊出発機が滑走路末端ではなく、インターセクションから進入した
＊出発機は小型機

状況が酷似していることがわかると思います。そして、とくに重要な共通点は「管制官はインターセクションからの離陸を許可したものの、到着機がいたため、滑走路手前での待機を指示した」ということです。

たまたま翼同士の接触で済みましたが、もしもライオンエア機の進入があと数秒早かったら、羽田空港での事故と同様の、あるいはどちらも旅客機だったことを考慮すれば、さらに大きな惨事になっていたかもしれません。

この事故についても、ほかの事例と同様、複合的要因により起きたものだと調査報告書には記されています。そのポイントを、羽田事故と比較しながら検証してみましょう。

【インターセクション・デパーチャー】

この事故も、羽田のケースと同様にインターセクションからの離陸を予定していました。

1章でも指摘したように、パイロットがインターセクションからの離陸を希望したということは、離陸を急いでいたか、その運用が常態化していた可能性が高いといえます。

実際、事故の調査チームがのちに検証したところ、ウィングス・エア機の機長は「客室乗務員による離陸準備の遅れに不満を抱いていた」、そして「遅れを取り戻すつもりだった」と述べています。こうした心理から、インターセクションからの離陸を許可された時点で、「すぐに出られる」可能性を期待していたと考えられます。

また、指示されたインターセクションは、滑走路に対して斜めに接続する接続誘導路でした。出発機は直角ではなく鋭角(えいかく)に左折しながら滑走路に進入することになるため、滑走路に向けて降下中の到着機を目視で確認するには、右斜め後ろを振り返る必要がありました。コックピットの左席に座っていた機長からは、死角となっていた可能性があります。

【復唱の不足】

ライオンエア機を着陸させた後で、ウィングス・エア機を滑走路に進入させたかった管制官は、ウィングス・エア機に対して、ただちに出発できるかどうかを確認しています。ライオンエア機のさらに後続にいる到着機が近づいていたため、このような確認を行なっておくことで、出発機が遅滞なく離陸するように次善策を打っておいたわけです。

ウィングス・エア機が「出発可能」と答えると、管制官は到着機の後に滑走路に進入して待機することと、離陸後に向かう飛行経路の通過ポイントを伝えています。この指示に対するパイロットの復唱は「通過ポイントのみ」だったということが事故調査報告書に記載されています。

ちなみに、管制官はウィングス・エア機に「到着機の後に滑走路に進入すること」と指示していますが、これは「条件付き進入許可」と呼ばれるもので、日本では滑走路への進入時に使用することが認められていない方法です。なお、欧米等の海外では一般的に行なわれています。

着目すべきは、本来復唱すべき条件付き進入許可に関するパイロットの復唱がなかったところです。しかも、復唱を求めるべき管制官もスルーしている事実が明らかになっています。

この事実だけを見ると、管制官が復唱を求めないなどありえない、と感じるかと思います。しかし、日常生活のコミュニケーションでは、相手の言葉を一字一句復唱することなど、ほぼないでしょう。共通に理解していることはあえて省略することが当たり前です。

たとえば、「いつもの店で9時に」といわれれば、「オーケー、9時ですね」と答えたりします。「いつもの店」は復唱しなくてもお互いにわかっていると判断します。そのほうがコミュニケーションもスムーズですから、みな自然と省略しています。この「あうんの呼吸」的な省略が、管制交信における復唱の要求を妨げることがあるのです。

このような事故が起こると、パイロットが復唱しなかったこと、管制官が復唱を要求しなかったことから、コミュニケーション不足が問題提起されるものですが、実際の管制の現場でも復唱の省略は頻繁に見受けられます。パイロットが指示内容を完璧に復唱しなかったとしても、管制官は何度も復唱を求めてパイロットに負荷をかけるよりも、「ここは当然に理解しているだろう」と聞き流してあげることは必要だと考えます。

復唱を求めなかったもう1つの理由に、何度も復唱を要求して時間を浪費するより、ほかの交信に時間を使いたいということがあります。一度に1機としか話せない性質を持つ無線におけるテクニックの1つだといってもいいでしょう。1機と何度も交信しているあいだにも、ほかの飛行機は刻々と移動し、次の指示を待っているのです。無線で話せる時間を何に消費するか、その優先度を見極めることは管制官にとって重要なスキルです。

しかし、何も手を打たないわけではありません。管制官は、復唱を求めなかったとしても、目視で実際の機体の動きをフォローします。復唱しなかった動作をしっかり実行しているかどうかを注視して確認し、必要に応じて追加指示を出せばよいわけです。

このように、ルールを頑（かたく）なに守るよりも、相互の信頼関係が大切な場面はあります。管制官としては、復唱しなかったけれども、当然わかっているだろうと信頼して対処しているのです。とはいっても、「これだけは絶対にパイロットに復唱させなければならない」というフレーズもあります。それらが、

「Hold short of runway（滑走路手前で停止せよ）」
「Line up and wait（滑走路に入って待機せよ）」
「Cleared to land（離陸許可）」
「Cleared to land（着陸許可）」

などです。もし、管制官の意図に反した行動となった場合にクリティカルな状況になるものについては、パイロットから復唱がなければ、かならず復唱を求めます。

くり返しになりますが、管制官はパイロットによる復唱を重んじています。一字一句すべてを復唱する必要はまったくありませんが、お互いにとって重要な内容は正確に復唱し、ほかの部分は必要最低限で簡素に返答してくれると安心することができます。

【監視の徹底】

インドネシアの事故から、のちに羽田空港で活かせたかもしれない教訓を導き出すとすれば、「いかにして監視を継続させるか」ということでしょう。

滑走路担当管制官は視野を広く持ち、今後の交通の流れがどうなるかを予測し、内部調整を進めることも必要ですが、なるべく外の監視に時間を使うために、それ以外の作業を手早く処理しているのです。

とはいえ、人間の視界には制約があります。ある程度〝当たりをつけて〟監視する対象を選ぶ必要が生じます。個人的には、インターセクションは要注意だと考えて重点的に監視する対象の1つでしたが、この事例のクアラナム空港のように、比較的小さな飛行機によるインターセクション・デパーチャーが常態化していると、管制官がこれに慣れてしまい、「特段注視する対象ではない」と考えてもおかしくはありません。

こればかりは、自身の経験からくる独自の価値観により醸成されるものでもあり、正解はありません。常識にとらわれず、さまざまなことを疑って監視をしっかり行なうことがまずは基本だと思います。これは、7章で説明する私なりの提案にもつながる部分です。

4章
航空管制官の増員は容易ではない

管制官の人手不足が「空の安全」を脅かしている

羽田事故の直後から、事故の遠因の1つといわれているのが管制官の人手不足です。まず、全国に管制官は何人いるのか、というところから説明していきましょう。国土交通省（国交省）によると、2023（令和5）年度の管制官の定員は2031人。この数はここ数年、1900～2100人のあいだで推移しており、大きくは変わっていません。しかし、近年は中途退職や育児休業などが増加し、2024（令和6）年6月時点で13人の欠員が出ているとのことです。つまり、現在は2000人を下回る状態で運用しているということになります。

その一方で、発着する飛行機の便数は増えています。たとえば、羽田空港の年間の発着枠は約49万回。混雑時には4本の滑走路を駆使して航空機が40秒に一度発着しており、世界でも有数の「忙しい空港」として知られています。2010（平成22）年度は約30万回だったので、15年前比で1・6倍の増加です。

便数が増えれば、単位時間内に発着する飛行機も当然増えるので、単純にいえば、より

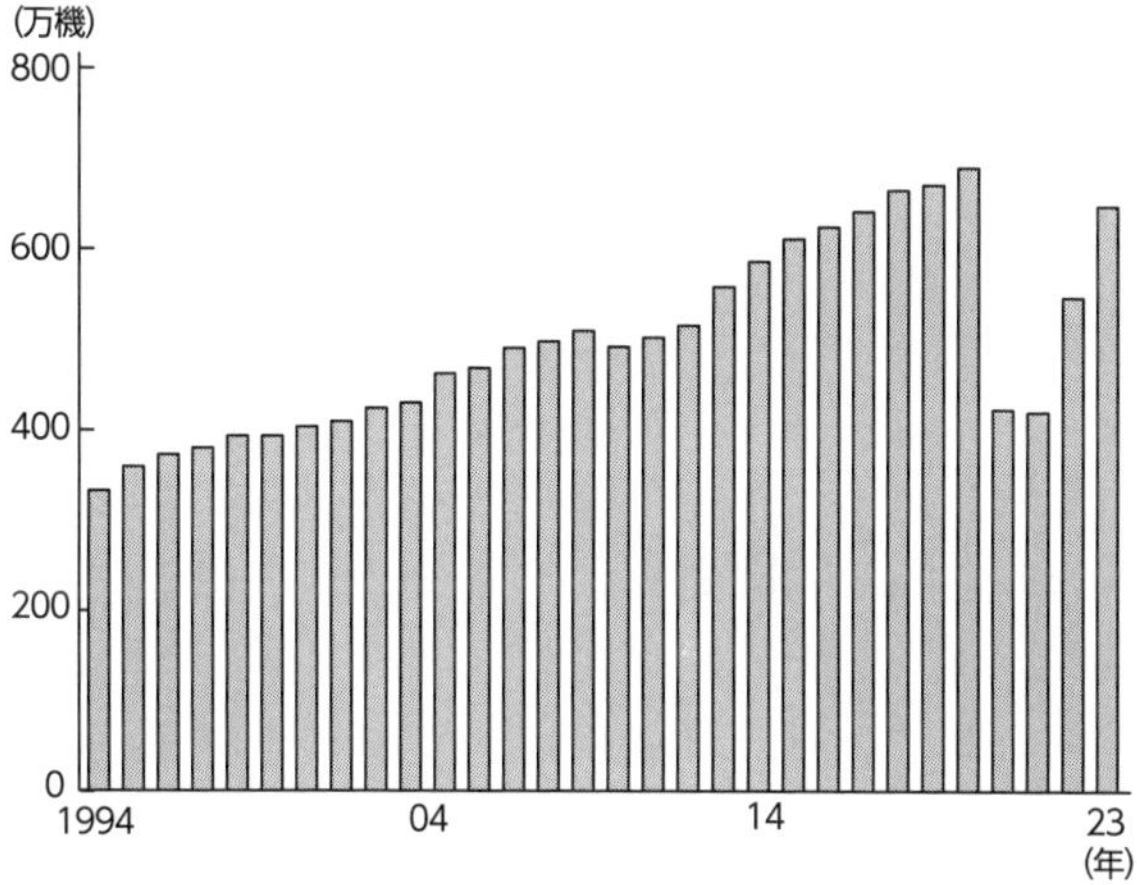

出典：国土交通省資料

過密になるということです。過密になれば、管制の難易度は増します。１人の管制官が同時に抱える飛行機の数は増え、情報処理しなければならない絶対量も増え、予測の難易度が高まると同時に、不確実性も高まります。

では、人数を増やすことが解決につながるのか、というと、それも一筋縄（ひとすじなわ）ではいかないといわざるを得ません。人数を増やしたとしても、管制席の数は後で検証するように適正な作業の分担にもとづいて区分されたものだからです。

ましてや、１本の滑走路を２人で処理することなどあり得ません。意思確認の手間が増え、よほど危険なことになります。１人の管制官が１つの滑走路の離着陸を捌（さば）かなければならない、という現状は変えようがありません。

安全にかける費用は惜しむべきではないという考え方のもと、費用対効果を無視すれば、航空機を受け入れる施設側も拡充することが望ましいといえるでしょう。ターミナルビルや駐機場を拡張し、滑走路や誘導路を増設・拡張することができれば、より余裕をもって飛行機を受け入れられますが、そのような土地も予算もないことは明らかです。やはり、今ある施設のなかで工夫して対応することが妥当（だとう）だといえます。

これが一般的な職場であれば、一時的に業務過多が生じたとしても、担当者を増やし、必死にハードワークすることで乗り切るのでしょう。残業や人材投入で対応できるという点では、1人あたりの業務量を単純な人材増加や超過勤務で調整できない管制官より、まだマシだといえます。

そのような制約はありつつも、欠員を早期に補填（ほてん）することで、十分な休憩時間が確保できるというメリットは大きいと感じます。

休憩時間は管制官にとって、非常に重要です。高い集中力を要求される業務であるため、原則として、勤務時間は1週間あたり38時間45分となるように「弾力的に設定する」（人事院規則より）と定められ、現場では休憩を挟みながら30分～1時間くらいでポジションを交代しながら務めています。いずれも、脳をリフレッシュしながら、集中力を維持するために工夫された勤務形態です。

それだけ、管制官にとって脳を休めることは重要なのです。いわば、管制官1人の脳だけで行なっているような仕事であり、それ以外にリソースがありません。誰もが自分の脳で処理できる限界点がわからないなかで飛行機が少しずつ増え続けているという現状は、疲弊というよりも、むしろ恐怖に近いものといえるかもしれません。

羽田空港航空機衝突事故の「経過報告」では、事故時の滑走路担当管制官は、45分の着席業務を3回続けた後、20分の休息後にまたも45分間、タワー東席を担当したところで事故が起きたとされています。

疲労度は数値などで可視化されているわけではありませんが、本人も自覚のないレベルで脳が疲弊していた可能性は否定できません。羽田空港での事故が起こったことを知った管制官たちはおそらく、「今度は自分の身に起こるのではないか」という思いがよぎったのではないでしょうか。

管制官の担当割りを決めるうえで、処理する交通量や無線時間などをもとに算出するワークロードの机上検証は行なわれています。しかし、管制という業務を一定のモデル化に置き換えること自体、無理があるということです。

安全と効率を維持するために、これまでどおりのやり方をずっと続けてきたけれども、今、能力の限界を超えつつある。その事例の1つが、2024年1月2日に起きた事故なのではないか——少なくとも管制のリアルな現場を知る自分の目にはそう見えるのです。

管制官を増やせない事情❶…研修の受け入れ容量に限界がある

では、どうすればこの人手不足が解消され、管制官の業務を改善することができるのでしょうか。

まずは単純に、管制官の人数を新たに増やす可能性について考えてみます。新たに人員を増やすには、「新卒採用か、中途採用か」の2つです。

現在、中途採用については管制業務経験者のみの採用となっており、一度離職した管制官を呼び戻すか、自衛隊の管制員を採用するなど限定的です。

では、新卒採用を増やせばいい、ということになりますが、これも現状では難しいでしょう。航空管制官になるには、まず大学、短大、高等専門学校のいずれかを卒業した後、航空管制官採用試験に合格し、国家公務員として国土交通省に採用される必要があります。

その後、大阪の「りんくうタウン」にある航空保安大学校で8か月の研修を受け、晴れて各地の空港または航空管制部に配属されます。この航空保安大学校が、日本で唯一(ゆいいつ)の国際基準を満たした航空管制官養成組織であり、ここを卒業しなければ、管制官になることはできません。

一時期、団塊(だんかい)世代が定年を迎えることによる大量離職があり、航空保安大学校の採用数が数年間120名程度であったことがあります。このことから、研修受け入れの容量が120名であると推察できます。

毎年120名を上限に新たな管制官が誕生する一方、定年で退職する人、定年を待たずに退職する人の合計人数が上回った現状が、現在の「欠員113人」につながっているといえます。

この現状を打破するには、研修施設を拡張する必要があります。現在、航空保安大学校1校のみですが、航空会社や航空系専門学校・大学と連携するなど、民間と合同で運営する養成施設をつくるなどして、研修の受け入れ人数を増やすことが考えられるでしょう。

ただし、教員やフライトシミュレーターなどの設備をどう確保するのかという現実的な問題をクリアしなければなりませんし、管制官の能力、質を担保する責任を負う国としては、そう簡単に決断できることではありません。

管制官を増やせない事情❷…管制官の志望者が大幅に減少

じつは、こうした人手不足に関連して、もう1つ気がかりなことがあります。それは、管制官を目指す志望者が大幅に減少しているということです。

2023（令和5）年度の航空管制官採用試験は応募者数795名、このうち実際に一次試験を受験した受験者は418名、合格者は94名でした。公表されているもっとも古いデータによれば、2010（平成22）年度の応募者数は1708名、合格者は63名です。この13年間で、応募者数は半分以下に減少。合格倍率（応募者数÷合格者数）は、27倍から8・4倍に落ちこんでいます。

養成する人数だけを考えれば、志望者の数が定員を割りこまない限り、コンスタントに最大120名の管制官を送り出すことができることになりますが、実際に志望者が減少していること、合格倍率も大きく下がっていることは、管制官全体の〝質〟に影響するだろうと考えています。

約10年前までは、私のように30代で辞める人は珍しい存在でした。20倍近い倍率を乗り越えて、ようやく手に入れた貴重な資格、また厳しい研修や訓練を経てつかみとった仕事です。誰もがそんな思いでこの世界に入ってきているので、みな自分の仕事に誇りを持ち、自己研鑽(けんさん)にも一生懸命に取り組んでいました。

しかし今では、選択肢の幅を広げようと、公務員のほかの職種と併願して受験してみたら合格してしまった、という人もいるでしょう。個々人の基礎能力やスタートラインは同じでも、狭き門を潜(くぐ)り抜ける過程で得たモチベーションの高さは、現状と比較してやはり差が出ているのではと考えます。

そして、そのような志望者が増えてくれれば、どうしても将来の管制官全体の〝質〟に影響するのではないかと危惧(きぐ)しています。

管制官を増やせない事情❸…志望者が減った理由を探る

管制官を志望する人が減った理由は、いくつかの要因が考えられます。前述のとおり、

13年間で志望者が半分以下に減少しているということは、単純な労働人口の減少のみでは説明がつきません。私の持論になりますが、その理由を探ってみます。

【シフトワーク】

管制官の勤務はいわゆる「9時5時の仕事」ではありません。24時間を早番・遅番・夜勤が交代して担当するシフト制です。勤務時間が日によって異なるうえに、土・日・祝日も関係ありません。残業がほとんど発生しないことがメリットではあるのですが、デメリットのほうから敬遠されているように思います。

【テレワーク不可】

「パソコンさえあればテレワークも可能」といった柔軟な働き方ができません。仕事とプライベートを両立させるような働き方は、まず難しいといってよいでしょう。

【異動】

勤務地は全国の空港、管制施設で全国異動が基本です。しかも、空港という施設はたいていて市街地から離れたところにあります。シフトワークの早朝勤務などがあれば、出勤も楽ではないでしょう。

こうした労働環境を敬遠する若年層が増えているということも、志望者減少の一因だといえそうです。

【待遇面で割に合わない】

管制官は身分上、国土交通省の職員、つまり公務員です。給与体系も公務員のそれに準ずることになります。

海外の場合、イギリス、カナダ、ニュージーランド、オーストラリア、スイスなど航空管制機関が民営化されている国も多く、年収を比較すれば日本の管制官と大きな開きがあります。アメリカは公務員に準ずる連邦組織ですが、パイロットなみの高給となる官署があります。

こうしたことから、管制官はストレスも多いのに「割に合わない仕事」だと感じる人がいるのもうなずけます。

【責任が重すぎる】

管制官は、責任の重い仕事です。場合によっては乗客・乗員の命にかかわる業務ともいえます。それゆえに、何かミスがあれば非難にさらされることもあります。

場合によっては、自分が見ているテレビで自分がかかわった事案が話題になり、管制官の交信、対応は適切だったのか、というコメントがＳＮＳ上に溢れることもあるかもしれません。「それは荷が重すぎる」と感じる人もいるでしょう。

【「つぶし」がきかない】

管制官という職種を、いわゆる〝つぶしがきかない〟と考える人もいます。たしかに管制官は専門職です。先の見えない世の中で、自分が積んだキャリアがしっかりと経験値として蓄積され、将来的には転職などにも活かせるのかどうかは、誰しも気になるところでしょう。その点で、不安を感じるのは当然かもしれません。

【知名度が低い】

本書を手にとってくださっている方なら、管制官という職業について多少なりとも知識を持っていると思いますが、一般的には管制官という職種、その仕事内容について、まだまだ世間に知られていないのではと感じています。

飛行機が空を飛ぶにはパイロットが必要であることは、誰にでもわかります。それに比べたら、管制官は日常生活のなかで自然と知る機会が少なく、身近な存在とはいえません。今に始まったことではありませんが、課題の1つとしてここで取り上げました。

人手不足は、いまや航空業界全体に及んでいる

じつはこうした人手不足は、管制官だけでなく、航空業界全体の問題にもなっています。たとえば、駐機場から飛行機をプッシュバック（航空機を自力走行する位置まで押し出す作業）するトーイングカーの運転、荷物の積み降ろし、機内清掃やケータリング、機体洗浄や機体整備の補助など航空機の周辺で地上作業を担う職員、ターミナルビルで搭乗案内やカウンター業務を担う職員、これらの職種を「グランドハンドリング」と呼びます。

このグランドハンドリングが今、人手不足になっていることがニュースなどでよく取り上げられ、国土交通省や自治体もその対策に注力しています。

なぜなら、グランドハンドリングの人たちがいないと飛行機が飛ばないからです。グランドハンドリングは、1機に対して数十人体制で取り組む必要があります。実際、グランドハンドリングの人手不足のため、新規就航ができない路線も出てきていると報道されています。

パイロットやキャビンアテンダントは、あいかわらず人気の職業です。一方、地上で作業を行なう、いわゆる〝縁の下の力持ち〟は、どうしても人が集まりにくくなっている現状があります。

これらの仕事もまた、シフト制、勤務地が不便、待遇が恵まれていない、知名度が低いなど、管制官と共通点が多く、総じて人が集まらないという傾向があるように見受けられます。一方で、やりがいや達成感が非常に大きいことなど、メリットと考えられる要素も類似しています。

なぜ、日本の管制官は「身近な」存在になれないのか？

なぜ、パイロットは身近な存在で知名度もあるのに、管制官はそうではないのか。それは、実際に飛行機に乗ったときの接点があるかないか、という要素も無視することはできないでしょう。

機内アナウンスで「機長の○○です。当機はまもなく……」などと話しかけてくれると、今乗っている飛行機を操縦している人だと誰もが認識します。自分たちが日ごろ乗っている飛行機を操縦してくれている、という単純明快さに加え、高給取りとして知られる職業であることも、その知名度を上げていると考えます。

一方で、パイロットが、じつは自分たちの意思で自由に飛行しているわけではなく、常に管制官と交信しながら航路や高度を決めていることを多くの人は知りません。乗客が管制官の存在を意識することは、ほとんどないのです。

私は以前、スウェーデンのアーランダ空港を訪れたとき、空港ターミナルビルの通路に管制官の顔写真のパネルがずらりと並んでいたことに大変驚かされました。窓から覗（のぞ）きこめば管制塔が見える「渡り廊下」のような場所の両壁に掛けられており、「今、この人たちが、あの管制塔で管制業務を担当しているんだ」ということがわかるようになっていました。

また、シンガポールのチャンギ空港には、2019年に「ジュエル」という巨大ショッピングモールがオープンしました。私がその中心部にあたる屋内庭園の人工滝をベストアングルで写真に収めようとしたとき、ちょうど滝の直上に管制塔の天辺(てっぺん)部分が見えるように設計されていることに気づきました。

空港を利用する人が写真を撮るために滝を見上げると、管制塔が目に入る。本当にそれを狙っているかどうかまではわかりませんが、管制塔の存在が認知される良い工夫だと感じます。

羽田空港の展望デッキを何度か訪れたことがある人でも、管制塔がどこにあるか、意識に残っているという人は少ないのではないでしょうか。

個人SNSによる情報発信が禁止されている理由

私は、現役の管制官だった当時から、国民に広くこの仕事を知ってもらうことが大切だと感じており、ブログを立ち上げて情報発信を始めました。２０１０（平成22）年ごろのことで、それが現在も続いている活動の始まりです。

ところがこの情報発信は、途中でいったん中断せざるを得なくなりました。ここでは具体的に言及しませんが、いわゆる「ネットリテラシーの低さ」が露呈(ろてい)する出来事が発生し、業務に関してインターネットで発信することが組織的に禁止されたためです。

これに加え、ほかにも管制官の不手際が立て続けに発生したことから、航空管制事務適正化検討委員会という第三者有識者組織が立ち上げられ、綱紀粛正(こうきしゅくせい)が求められるようになりました。

そして、正式にインターネットへの管制業務に関する投稿の一律禁止がルール化され、私のブログも閉鎖を余儀(よぎ)なくされたわけです。

当時からアクセス数は多く、情報発信は意義のあることだと自分自身も感じていましたが、どうしても負(ふ)の側面が現れてしまうことがあるのもたしかであり、閉鎖という結果も仕方のないことだとは思います。

一方、情報発信が重要である、ということは国交省も認識しており、個々の管制官からの発信を禁ずる代わりに、航空局として「管制官公式ホームページ」を開設しました。公式な情報発信は国交省が行なうようになり、現在に至っています。

管制官志望者を増やすには、勤務環境の整備が急務

もう一度、管制官を「プライドを持って取り組める仕事」にするためには、もっと多くの人たちが管制官を目指すようになるには、どのようなことが考えられるでしょうか。

管制官の視点で考えてみると、まずは労働環境の改善が急務です。今はインターネットにより、職業に関するあらゆる情報が可視化されています。

職員数、標準の就業時間、残業などの指標にとどまらず、スキルアップへの貢献度、転職時に有利かどうか、就労経験者によるレビュー、退職者のリアルな声など、さまざまな職業と比較するには十分な情報が溢れています。

そんな環境のなかで管制官を目指してもらうには、まずは欠員のないよう人員を確保して、勤務環境が整っていることをアピールする必要があります。

また、キャリアを積むことで自分自身が成長していると実感できる、という要素も重要です。毎年、同じ職場で同じ仕事をくり返していると、どうしても外の世界が見えにくくなります。社会における自分の立場も不明瞭（ふめいりょう）になりがちです。

しっかりとキャリアを積むことができ、しかもそのことが実感できるように、たとえば国際機関への派遣制度や民間会社に出向できる制度など、キャリアアップの期待感が持てるように広く周知するということも必要になるでしょう。

実際にそうした交流機会を増やすことで人脈が広がり、〝外からの風〟も入ることになれば、より良い職場環境へと向かっていくはずです。

空が好き、飛行機が好き、きっかけはどんなことでもよいのです。英語を使うグローバルな業務、社会貢献性もあり、人命を預かる使命感と責任感も育まれる……知れば知るほど魅力的な仕事だといえます。

そして、管制という仕事に挑戦してみたいと思う人は、かつてと変わらず多いはずだとも思っています。ただ、そんな人たちが、先に挙げた理由でこの道を目指すことを躊躇するとしたら、それは残念なことです。

「管制官という仕事は、こんなにやりがいのある素晴らしい仕事だ」というアピールに終始するだけではなく、管制官という仕事を通じてコミュニケーション能力、チームビルディング能力、マネジメント、ＯＪＴ訓練担当を通じた人材育成、航空管制システムの構築などで得られるエンジニアリング等、幅広いスキルアップにもつながる有意義な経験が積めるということを伝えるべきだと思います。

さらには、毎日の仕事にわくわくしながら自己成長につながる、未来への道が見えてくる……そんなビジョンを見せてあげることができたら、もっと志望者は増えるのではないでしょうか。

5章

航空交通を捌く管制官の精緻なスキル

航空管制システムの全体像を知る

この章では、現在の航空管制システムと、運用する管制官に求められるスキルについて考察します。

まず、基本的な知識として、管制という業務の流れ、飛行機の運航に管制がどのようにかかわっているのかを確認しておきましょう。前著『航空管制 知られざる最前線』でも解説しているので、前著をお読みいただいた方、すでに航空管制の基本について詳しい方は、この項は読み飛ばしていただいてもかまいません。

【飛行場管制（出発）】

＊航空管制を出発から到着の一連の流れで見る場合、運航者から飛行計画書が提出されるところから始まります。飛行計画書には、運航者が希望する巡航（じゅんこう）ルートや高度のほか、搭乗人数、積載燃料、代替空港など飛行に必要な情報、または万一の際の捜索に必要な情報が記載されています。ここでいう「運航者」というのは航空運送事業（旅客や貨物を

有償で運送する事業）を営む航空会社のほか、官公庁、民間企業、個人を含みます。

＊飛行計画書は、出発予定時間の1時間前までに提出しなければなりません。この計画書にもとづいて、航空機運航の安全を担保するのが管制官の仕事です。

＊出発時間の10分ほど前から、パイロットとの交信が始まります。このとき、事前に提出した飛行計画書の内容を再確認します。その際、パイロットからの計画変更や管制官からの最新の交通状況、気象状況などに合わせた変更点があれば、それについても調整したうえで最終的な飛行方法を承認します。

＊出発準備が整うと、パイロットは管制官にプッシュバックを要求します。管制官が許可すると、飛行機はプッシュバックを開始して駐機場を離れます。プッシュバックを必要としない機材は、そのまま地上走行を開始します。

＊プッシュバックが完了すると、パイロットは管制官に地上走行開始の準備が整ったことを伝え、管制官は滑走路までの道順、つまりどの誘導路を通って、どの滑走路のどの地点まで誘導するかを判断して、指示します。ここまでは地上管制の担当です。

＊地上管制はパイロットに対し、飛行場管制（滑走路の離着陸許可の担当）に交信の周波数を切り替えるよう指示します。交信を切り替えると、今度は飛行場管制が離陸許可の判

断を行ないます。すぐに離陸させられないときは滑走路手前での待機を指示し、滑走路が空(あ)いていれば離陸許可を発出(はっしゅつ)します。許可を得たパイロットは離陸動作に入ります。

【ターミナルレーダー管制(出域(しゅついき))】

＊飛行機が離陸すると、今度はターミナルレーダー管制（出域）に引き継がれます。出域管制は、空港周辺の混雑した空域の〝交通整理〟を行ない、飛行機を目的地に向かって誘導します。空港によっては、ターミナルレーダー管制は実施されません。交通量が少ない空港などでは、航空路管制に引き継がれます。

【航空路管制】

＊空港周辺の空域を抜けると、今度は航空路管制に引き継がれます。航空路管制は担当するセクター空域ごとに管制官が配置されており、セクター空域を越える手前で順次引き継ぎながら目的地の空港へと誘導していきます。

＊このとき、基本的には飛行計画書で決めたルート、高度で飛びますが、交錯する関連機がいたり、途中で状況に何らかの変化（積乱雲が発生したため回避するなど）があれば、管

管制の受け渡し

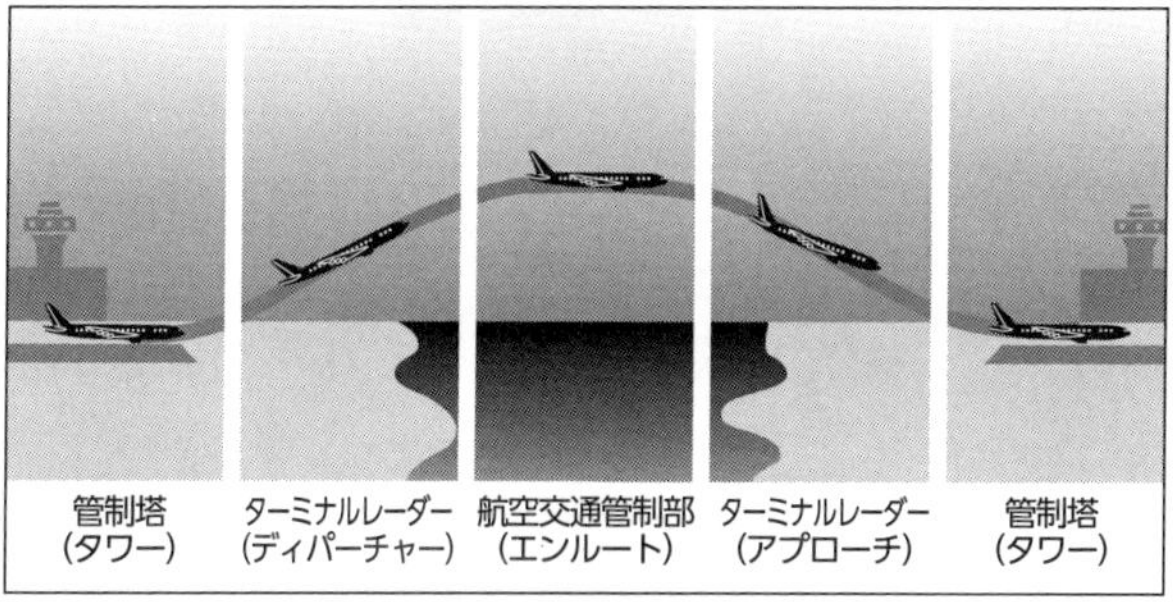

制官がルートや高度の変更を指示します。パイロットからの要求が先にきて、それに応じるということも頻繁にあります。航空路管制は常にレーダーで監視しながら、航空機を安全に目的地まで誘導します。

【ターミナルレーダー管制（進入）】

＊目的地の空港に近づくと、今度はその空港周辺の空域を担当するターミナルレーダー管制（進入）に引き継がれます。

＊ターミナルレーダー管制は、割り当てた滑走路に安全に着陸できるよう、到着機に対して高度を下げ、速度を落とすように指示します。最終的に、空域内での順番付けが完了し、滑走路に向かって直線で降りる飛行経路に乗った段階で、今度は飛行場管制に引き継ぎます。なお、着陸方式によっては直線で降りないケースもあります。

【飛行場管制（到着）】

＊飛行場管制は、引き継がれた到着機を管制塔から視認し、滑走路が安全であることを確認して、着陸許可を発出します。もしも、滑走路に出発機や直前に着陸した飛行機がいるときは、着陸許可を出さずに、滑走路への降下進入を継続するよう指示を出します。その後、滑走路がクリアになった段階で着陸許可を出します。当該機が着陸した後は、滑走路から離脱するタイミングを見計らって、地上管制に引き継ぎます。

＊地上管制は、駐機場までの道順を指示します。

＊無事、駐機場に着くと、飛行計画書にもとづいたデータがシステムから消えます。この時点で、このフライトへの管制サービスが終了するということになります。

航空管制官に求められる素養とは

管制の流れを簡単に説明したところで、今度はこうした業務を遂行(すいこう)するために管制官が備えているべき素養について見てみましょう。

前著でもくり返し述べましたが、管制官の仕事は「安全と効率」が基本です。別の言い方をすれば、「安全を担保しつつ、効率を最大化する」究極のリスク管理ともいえます。
ここで参考までに2つの指標を示します。1つは、管制官のコンピテンシー（有能な人材に共通する行動特性）を研究した実績を持つ日本大学の加藤恭子教授が挙げる7つの素養。もう1つは、航空保安大学校が航空管制官採用試験の募集パンフレット等に記載する3つの素養です。

【加藤恭子教授が挙げる7つの素養】

- 成長動機
- コミュニケーション（チームワーク）
- 管制官との関係の構築
- 柔軟性
- 分析的思考（予測能力）
- マルチタスク（情報収集力）
- ストレス耐性

（加藤恭子「航空管制官のコミュニケーション・コンピテンシーに関する一考察
—現場と航空保安大学校での行動結果面接の比較から—」より）

【航空保安大学校が挙げる3つの素養】

Ａ　冷静さと責任感～どんな時でも落ち着いて判断を下せるか～
Ｂ　協調性～チームの一員として活躍できるか～
Ｃ　学び取る力～自己研鑽(けんさん)できるか～

（航空保安大学校　航空管制官募集案内より）

以上に挙げた2つの指標を参考にしながら、私なりに「管制官に必要な素養」について4点、整理してみました。

【平常心】

どのような状況においても感情的にならず、冷静であること。平常心は自己のパフォーマンス維持、チームワークの向上において他者からの信頼を得るためにも重要です。予期せぬ事態が起きたときは、なおさらです。

人は、あたふたしていたり、感情的になったりしている人の言葉を聞こうとは思わないものです。そんなときこそ、落ち着いて事態を見極めた「指示出し、報告、相談」が求められます。

また、そういった行動がとれる人ほど、周囲からのふだんの信頼感も高くなるものです。「この人のいうことは価値がある」と思わせる雰囲気のようなものが自然とできあがるのだと思います。別の言葉にいい換えれば、「人格・人望」のようなものともいえるかもしれません。


【ストレス耐性】


平常心を持って情報処理能力を発揮する前提として必要になるのがストレス耐性です。平たくいえば、「プレッシャーに強い」ということです。

ストレス耐性に欠けている人は、すぐにわかります。人は自信がないときほど説明がくどく、長くなります。情報量を増やし、相手にすべてを理解してもらうことで、自分の理解不足を埋めようとするからです。声の調子は抑えることができても、話している内容がまどろっこしくなり、求めていない説明まで長々とする……それは不安の表れです。

ストレス耐性の高い人は、誰もが追いこまれている状況においても、平常時と同じように話す内容はコンパクトに、そして相手が欲しい情報だけを整理して伝達することができます。管制業務でいえば、緊急機の発生や自分の指示と異なる動きをする航空機がいたとしても、プレッシャーに負けず、淡々と業務をこなせます。

管制官に求められるストレス耐性は、さらに幅広い意味を持ちます。

たとえば、自分がミスをしてしまった直後でも、後悔したり、落ちこんだり、自分を責めたりする気持ちをいったん置いておいて、今目の前で起きていること、置かれている状況に集中できるか。

または、チームに気が合わないメンバーがいたとして、航空機の誘導方法や滑走路の運用方法で意見が割れたときでも、仕事と割り切って合意形成することを最優先できるか。

これらも、ストレス耐性が求められるうえで重要なポイントだと思います。

羽田空港での事故当時の交信音声を聞いた人のなかには、「こんな大事故が起きているのに、よく落ち着いて交信できるものだ」と感じた人もいるようですが、この平常心はむしろ管制官だからこそというべきでしょう。感情的になってあたふたしては、伝えたい情報も伝わらず、負のスパイラルに入りこむことは明らかです。

それゆえ、できるだけ感情を入れずに、早口にならず、抑揚を抑えて聞きとりやすい言葉で交信するという基本が、管制官には本能的に染みついているのだろうと思います。

【情報処理能力と高い予測精度】

管制官の仕事の難しさを理解できるシチュエーションの1つとして、「ラインナップ&ウェイト（Line up and Wait）」を指示する状況があります。「ラインナップ&ウェイト」は「滑走路に入って、待機せよ」、つまり、離陸許可は出せないけれども、滑走路への進入は許可するという場合に使います。

離陸許可を出せる条件とは、着陸寸前の到着機や滑走路上にほかの飛行機がいないということです。その状態では、「すぐにでも離陸滑走を始めても構わない」という意味で離陸許可を出します。

しかし、すぐに離陸滑走を始められては困るけれども、滑走路に入ってもらい、離陸の準備をさせておきたいという状況があります。そうしたときに使用する用語がラインナップ&ウェイトなのです。

たとえば、直前に着陸した飛行機がまだ滑走路上にいて、誘導路へ離脱していないという状態。あるいは、1つ前の出発機がまだ滑走路上にいるという状態。これらの場合、関連機が滑走路上からいなくならないと、次の出発機に離陸許可を出すことはできません。

こうしたシーンで到着機が迫(せま)っているなか、出発機を出すことがよくあります。

ここで管制官がラインナップ&ウェイトの指示を出すには、もう後戻りできない覚悟が必要です。すぐには離陸許可を出せないけれど、30秒後なのか、1分後なのか、かならず離陸滑走を始めることができる、そしてそれが到着機の着陸までに間に合う、という確信がなければ発することができない言葉です。

安全確実にいくのであれば、ラインナップ&ウェイトは要りません。かならず滑走路手前で停止させて、滑走路が確実に空いてから離陸許可を出せばよいわけです。行けるならゴー、行けないならストップ。青と赤の2つの信号があればよく、ラインナップ&ウェイトという〝黄色信号〟は使うことなく、交通整理自体はできます。

判断するには、精度の高い予測が管制官に求められます。たとえば、2機の到着機のあいだに出発機をラインナップ&ウェイトさせて離陸させる場合です。

先行の到着機が滑走路上から離脱したら出発機に離陸許可を出し、離陸滑走が始まり、機体が地面から離れて滑走路の端を通過した瞬間、もう一方の端から後続の到着機が入ってくる――という状況になることを先読みしてラインナップ&ウェイトを指示し、見事にそうなったなら「管制官の読みが素晴らしかった」となります。

しかし、出発機の動きが遅く、機体が浮くより前に後続の到着機が滑走路の端を越えてきてしまったら「管制間隔の欠如」となります。そのタイミングは紙一重で、瀬戸際はせいぜい15秒程度。その境目を数分前に読み切れる予測精度が必要なのですが、いつも自分の予想どおりに事が進むわけではありません。

そんなときでも焦らずに、あるいは焦りを表に出すことなく、処理できるか。出発機の挙動と到着機の速度を読み、適切なタイミングで「行ける」と判断し、なりゆきを見守るか。それとも自分の読みが外れたことを認め、出発機を止めて到着機にゴーアラウンドを指示するのか。難しい判断に迫られながらも、その2機以外の他機についても状況を把握して、適切な指示ができるのか。

平常心とストレス耐性、さらには情報処理能力がしっかり備わっていなければ、指示が遅れたり、誤解や言い間違えが発生したり、システム入力などの基本動作が抜けてしまったり、他機への指示が疎かになったりということが起きてしまうのです。当事者にしかわからない苦悩のなかで交信は行なわれています。

【優先度の見極め】

もう1つ、管制官にとって厄介なシチュエーションの代表例として、「緊急状態になった」とパイロットが訴えてきたケースがあります。

上空を飛行中、突然こんな交信が入ります。

「We declare emergency due do engine trouble（エンジントラブルにより、緊急事態発生）」

緊急機が発生したときは、管制官が得なければならない情報が山ほどあります。エンジントラブルであることはわかるが、具体的に現在どのような切迫度なのか。今すぐ着陸をしなければならないのか。

さらには、トラブルシュート（問題の原因特定とそれを解消する作業）の余裕が少しはあるのか。乗客は何人乗っているのか。燃料はどのくらい積んでいて、あとどのくらい飛べるのか……。管制官はパイロットから情報を集め、当該機やその他の航空機への対応を準備しなければなりません。

しかし、ここで意識すべきは、「最大の目的＝安全に緊急機を到着させる」ということです。優先順を間違えて、管制官が知りたい情報収集に走るということは、じつは誤りのもとなのです。

情報を集めるために矢継ぎ早に質問することは、パイロットの負担を大きくするだけです。緊急時のパイロットは管制官との交信のみに集中できるわけではありません。操縦を安定させるのはもちろんのこと、コックピット内でのコミュニケーション、計器類のチェック、キャビンにいるスタッフや乗客に状況を伝えるなど、行なうべきことが山積（さんせき）しています。

管制官がまずとるべき対応は、パイロットがエンジントラブルを訴えてきた時点では、「Roger（了解）」とだけ返し、交信を控えるように心がけること。パイロットにコックピット内の作業に集中してもらうためです。

そのあいだに、ほかの到着機や出発機をどうするのか、緊急機の着陸後は滑走路閉鎖になるため、ほかの使える滑走路に持っていくのか、駐機場で待機させるのかなど、それぞれ判断しなければなりません。

このように、管制官側でパイロットからの今後の要求に対し、どう対応するかを先に意思決定しておきます。そして時間を置いてから、必要な情報を収集するためにパイロットに話しかけるというのが望ましい優先順位です。

このとき、まず聞くべきはパイロットの意向です。

「Request your intention（そちらの意向を知らせてください）」

何分後の着陸を予定しているか、着陸した後に走行の支援が必要かなどになります。

パイロットが飛行の安定を最優先するように、管制官もまず必要な情報は何か、やるべきことは何か、その優先順位を意識することが大切です。緊急時こそ、コミュニケーションの優先度をしっかり考え、もっとも安全に対応することを意識すべきなのです。

管制ルールは「原則であって、絶対ではない」わけ

大きな事故が起こると、基本を徹底しよう、マニュアルをもう一度見直そう、という意見がかならず出されるものです。羽田空港航空機衝突事故の「中間取りまとめ」でも「航空の安全・安心確保に向けた緊急対策」として「管制機関及び航空事業者等への基本動作の徹底指示」を挙げています。

では、さまざまな不測の事態が起こり得る管制の現場においては、基本動作、マニュアルについて、どのように規定されているのでしょうか。

航空管制業務には「管制方式基準」という、いわゆるマニュアルがあります。「こういうときは、こうする」「これはやってはいけない」という事柄（ことがら）が明記されています。

わかりやすい一例としては、「管制間隔の欠如」に関する規定があります。飛行機同士を

これ以上近づけてはいけないという限界値、平たくいえば、機体同士を「当てない」ために定められているものです。管制方式基準は、いわば「航空交通の安全を目的としたルール」なのです。

逆にいえば、安全さえ担保されていれば、あるいは柔軟に運用することでより安全性を高めることができるなら、たいていのことはやってもよいという意味合いもあります。

たとえば、飛行機をどのルートで誘導するか、到着や出発が競合した場合にどの順序で離着陸させるかについては、それぞれ選択肢がいくつもあり、どれを選ぶかは管制官の裁量に任されています。

つまり、決められたルールはあくまで原則であり、状況によっては例外規定を適用することが可能なのです。

目的が「安全で効率的な管制」であるなら、その目的達成のためにマニュアルに縛られず柔軟に考えるべき、という状況はよくあります。人間は安全を重視しようとするとき、「とにかく原則どおりに」「基本動作を徹底しよう」という考えに立ち返ろうとするものです。個々のケースでシチュエーションは異なるはずですが、原則どおりにやっておけば、とりあえず大きなミスは犯さないだろう、と思考してしまいがちになります。

しかし、航空交通は基本動作の徹底さえしておけば、かならず問題なく対処できるような単純作業ではありません。基本動作を軽視するわけではありませんが、基本動作を1つずつ徹底している余裕など管制官には与えられませんし、そもそもマニュアルに網羅できない不測の事態ということも起こります。

2019（令和元）年10月、大型台風が関東地方を縦断し、交通網が大混乱したことがありました。

成田空港と都心をつなぐJRや京成線も運休してしまい、空港は陸の孤島に。海外からの観光客も含めて1万人以上の人たちが足止めされ、コンビニエンスストアの棚は空になり、ファストフード店は2時間待ちの行列になりました。食料も手に入らないなか、1万人以上が施設内で夜を明かすという事態です。

マスメディアは、自然災害による被害という観点で報じていましたが、そこで議論を終えてしまっては、進展はありません。ここでは、対応自体に課題がなかったかについても考察してみます。

たとえ気象条件が悪化しても、滑走路上に異物がある、劣化があるなどの問題さえなければ着陸を許可し、到着便を受け入れる、というのが基本ルールです。

しかし、このときは成田空港に降りた後、すべての乗客が空港内で足止めになるという不測の事態でした。乗客のなかには、空港を出て、成田市街地まで歩いたという人もいたようです。

空港管理者には着陸禁止措置の権限が与えられています。旅客の安全を最優先して着陸禁止措置をとることも選択肢の1つになり得たのではないでしょうか。

ただし、柔軟な対応といっても、それは感覚的に判断できるものではなく、客観的な指標、具体的な閾値(しきいち)など、対応を判断した拠(よ)りどころが必要となります。着陸禁止措置の場合でいえば、駐機場が満杯に近づいていることや、鉄道などの地上交通がマヒしている実情などを、正確に把握していることが前提です。

検討すべき対策は、空港のカオスな状況をいかにしてデジタル技術で可視化し、人が判断可能なシステムを構築できるかということだと考えます。

個人の負荷を分散させれば、チーム力はより高まる

羽田空港での事故の直後、有識者のあいだから「そもそも今の管制官の業務は負荷(ふか)が大

きすぎるのではないか。もっと負荷を軽減するための対策を講じるべきでは」という声が聞かれました。

「中間取りまとめ」のなかにも、滑走路誤進入対策として「過度の負荷や疲労を生じさせない業務運用や業務環境が求められる」という記述があり、そのうえで「関係者間の緊密なコミュニケーションによる共通理解の醸成（じょうせい）や連携した取組も重要」としています。

管制官の繁忙（はんぼう）時間帯においては、複数のパイロット、隣席など内部の管制官とのあいだで同時多発的にコミュニケーションをとらなければならない状態が連続します。あれもこれもしないといけない、先にこれも準備しておかないといけない、などと脳がフル回転している状況が続きます。

そんなとき、人間は他者との調整が必要になることを避けて、とにかく独断で処理できる方法を選ぼうという思考に引っ張られます。本当は多くの選択肢のなかからベストな方法を選びたいところだけど、誰かに頼む余裕すらないから自力で何とかしようと考えるようになるのです。

デスクワークでもそうでしょう。同時に処理しなければならないタスクがあって、せっぱ詰まっているというときは、電話が鳴っても取らないし、メールが着信しても開かずにほうっておくでしょう。

しかし、もしかするとそれは〝神〟からの電話かもしれません。「その仕事、こちらで巻きとるからいいですよ」という同僚からの連絡かもしれないのです。

忙しい、負荷がかかると思っているときほど、自分で何とかしなくては、と思いがちです。じつはそんなときこそ、周りに頼ることで打開できないかを考えるときなのです。チームメンバー全員の脳内がフル回転の状況でない限り、自分の負荷を分散させることがチーム全体のパフォーマンスを高めることにつながるのです。

相手に誤解させないコミュニケーションの工夫とは

管制官が交信で忙しいときは、その周波数帯にいるパイロットも同じ状況になります。無線が混雑しているときほど、管制官としゃべりたい、我先(われさき)に次の指示が欲しい、そういった状況です。

無線交信は同時に複数の相手に情報を送信できないため、時間リソースとしては有限です。そんな一字一句を無駄にできないコミュニケーションが求められるときこそ、本当に必要な指示や情報だけを厳選して提供することが打開策になります。

たとえば、離陸前の航空機に対しては、離陸許可が「本当に必要な指示」となります。基本は、離陸を許可するのか、しないのか、その情報だけあれば済むはずです。パイロットからすれば、離陸許可が出ないなら待機。発出されれば、滑走路に入り、離陸する。それに対して、たとえば「出発時刻は3分後になります」といったものは付加的な情報です。

こうした付加的な情報に関して、「中間取りまとめ」では、以下のようなパイロットからの意見が記載されています。

「滑走路への進入等の重要な場面ではシンプルで明確な指示の方が良く、付加的な交通情報は必要ない」

一方、羽田空港での事故で問題となった「№1」「№2」のような離陸順序の情報提供は、「離陸準備等において有益である」というのもまた、パイロットからの意見です。

要は、管制官が付加的な情報を入れることで、パイロットにとって「本当に必要な情報」の認知が薄まってしまうリスクが生じる恐れがあるのです。

自分は何番目の出発なのか。何分後に離陸できそうなのか。離陸する際には、旅客機なら乗客にアナウンスする必要も出てきます。それは航空会社のサービスとして、必要な情報でもあります。

到着機においても同様です。複数の飛行機がそれぞれ指示された高度で旋回（ホールディング）しながら、順番が来たら指示を受けて着陸態勢に入ります。この場合、いったいいつ降りられるのか、離陸のときと同様に着陸の順番が気になるのは当然です。

そうしたパイロットの心境を理解しているため、管制官は付加的な情報としてホールディング終了が何分後になるかを知らせます。そのための用語もマニュアルに記載されています。たとえば、

「EFC（Expect Further Clearance）in 5 minutes（次の許可は5分後の予定）」

「Expect 15 minutes delay（15分の遅延を予定）」

などのように使います。

これまでの説明では、このような情報もまた付加情報であり、忙しいときには不要ということになってしまいますが、こうした情報を先に伝えておくことでパイロットからの問い合わせを抑制することにつながります。忙しいときにパイロットからの問い合わせが重ならないよう、あらかじめアナウンスしておくという1つのテクニックです。

本質的な情報と付加的な情報をしっかりと使い分けて、これだけは誤解なくしっかり認

識してほしい「本当に必要な指示、情報」は、シンプルに伝えてほしい、というのが前述したパイロットからの意見の本意だと考えます。

6章

羽田事故の「再発防止策」を検証する

「中間取りまとめ」は、どのような対策を示したか?

本書の1章で、羽田空港航空機衝突事故対策検討委員会が公表した「中間取りまとめ」をもとに事故の経緯について解説しました。しかし、この「中間取りまとめ」の趣旨は、今後同様の事故を起こさないための新たな対策についての方針です。

本章では、この方針について元・管制官の立場から検証し、私の考えを述べていきたいと思います。

【「中間取りまとめ」による「具体的な滑走路誤進入対策」(概要より)】

1. 管制交信に係る（かかわ）ヒューマンエラーの防止

(1) 管制交信に係るヒューマンエラー防止のため、自家用含む全て（すべ）てのパイロットに対して、パイロット間のコミュニケーション等(CRM:Crew Resource Management)に係る初期・定期訓練の義務化

(2) パイロットに対して外部監視、管制指示の復唱等の基本動作を改めて徹底

(3)離陸順序に関する情報提供(№1、№2等)について、情報提供を行う際の留意事項を管制官とパイロットに周知徹底の上、停止を解除
(4)管制交信に関する管制官とパイロット等の意見交換、教材を用いた研修・訓練等を実施

2.滑走路誤進入に係る注意喚起システムの強化

(1)管制官に対する注意喚起システム(滑走路占有監視支援機能)のアラート機能を強化
(2)管制指示と独立して機能する滑走路状態表示灯(RWSL:RunWay Status Lights)を主要空港の対象滑走路に導入
(3)滑走路進入車両に対して位置情報等送信機の搭載を義務化

3.管制業務の実施体制の強化

(1)管制官の人的体制の強化・拡充(業務分担を見直し、離着陸調整担当を新設)
(2)管制官の疲労を業務の困難性や複雑性に応じて把握・管理する運用を導入
(3)管制官の職場環境を改善、ストレスケア体制を拡充

羽田事故後に国交省がまとめた主な対策

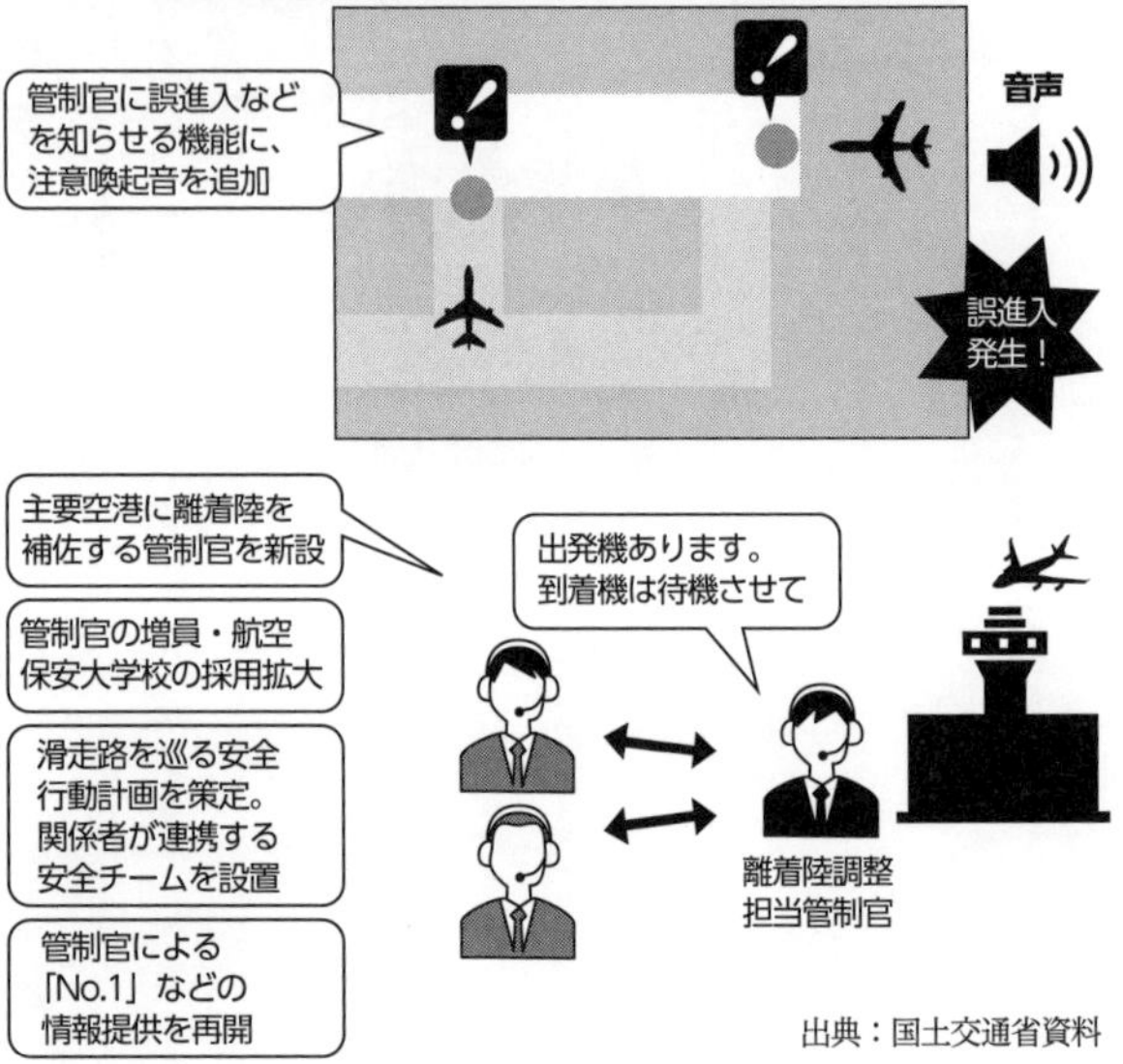

出典：国土交通省資料

4. 滑走路の安全に係る推進体制の強化

(1)国において、総合的な滑走路安全行動計画（Runway Safety Action Plan）を策定

(2)主要空港において滑走路安全チーム（Runway Safety Team）を設置

(3)グラハン事業者を含め滑走路の安全に係る監督体制を強化

(4)国際的な連携の強化（ICAOなど）

5. 技術革新の推進

管制側・機体側におけるデジタル技術等のさらなる活用に向けた調査・研究

5項目にわたって対策を打ち出していますが、1、2、4については、基本的にはすでにこれまでも継続的に行なってきたことを改めて強調した内容、さらに発展させた内容の提言となっています。

3の⑴にある「離着陸調整担当」という新しい管制席の設置は、これまでにない発想の対策となっています。これについては、後で詳しく述べることにします。

まずは、順を追って重要なポイントをピックアップしながら、解説していきます。

「ヒューマンエラーの防止」を読みとく

まず、「1. 管制交信に係るヒューマンエラーの防止」について。

羽田事故の際に「No.1」という言葉が事故の要因の1つになったのではないかとマスメディア等で議論になりました。実際に、事故発生後の1月8日に国土交通省は「No.1」の使用を事実上禁止します。

しかしその後、パイロットから「離陸準備等において有益である」という意見が出され、

「停止を解除することを検討すべき」と「中間取りまとめ」では提言しています。
ここで重要なのは、使用停止は間違いであったと認めたことです。ここからわかるのは、そもそもパイロットにとって何が有益で、どのような交信をすれば誤解が減らせるようになるのかについて、運航者と、それを管理する側の相互理解が不足していたということです。さらにいえば、「ルールをつくる側」が現場業務に対して理解不足であったともいえます。

今後の対策検討において大切なのは、どのようにしたら運航者と、それを管理する立場の相互理解を深めることができるのか、そして現場の業務に即した効果的な対策にたどり着けるのか、ということです。

また、パイロット視点に立った補足情報の伝え方について、「中間取りまとめ」では以下のように提言しています。

「気象情報、関連航空機の動向、地上走行経路の予定情報等を含め」――つまり、原則的なルールにもとづく離陸許可・着陸許可、滑走路手前停止といったルールで定められている定型的な指示とは別に、補足的な情報をどう伝えるかなど、その他の管制交信のあり方についても「管制官とパイロット等の間で継続的に意見交換を行うことが望まれる」。

ここは現場を知る者として、最重要ポイントだと感じます。管制官とパイロットのあいだで、もっとコミュニケーションを活発化させるべきです。管制官は自分の指示をパイロットの頭に焼き付ける必要があります。そのためには、パイロットの仕事や業務の特性を理解し、適宜適切な言いまわしやタイミングを見極めて交信することが重要です。

実際、現在でも管制官とパイロットの交流、意見交換については実施されています。管制官とパイロットのクロストレーニング、管制官がコックピットに搭乗してパイロットの仕事を間近で体験する搭乗訓練などは、継続的に意見交換を図ることができる制度です。

また、定期的に緊急事態に対するシミュレーション訓練も行なわれています。たとえば、「交信中にパイロットからの無線が突然途絶（とだ）えてしまった」というようなシチュエーションをパイロット役と管制官役に分かれてシミュレーターで再現するのです。

その際にパイロットを招き、パイロット役に置くなどしてシミュレーションに参加してもらい、終了後に意見をもらうことも行なわれます。非常に有益な機会です。

しかし、この提言は、「これまで実施してきたものより、さらに頻度（ひんど）も質も高めた意見交換を行ない、協調を強めるべき」というものです。私も本当にそのとおりだと思います。

このことは、「中間取りまとめ」における「管制交信のヒューマンエラー防止のため、定期旅客便だけでなく自家用含む様々なパイロットに対して、コミュニケーション等に係る初期・定期訓練を義務化」という対策にも表現されています。

「注意喚起システムの強化」を読みとく

「2．滑走路誤進入に係る注意喚起システムの強化」では、緊急対策として人員の補強や注意喚起システムの導入について言及しています。さらには、羽田空港での事故の際にレーダー画面上に注意喚起の警告が出ていたのに、管制官が気づくことができなかったことに対する追加対策も記されています。

まず、羽田での事故後、緊急対策として国内の主要な空港に滑走路誤進入をレーダー画面上で常時監視する人員を配置しました。

しかし、人間というものは、めったに起こらないことのために張りついて監視するという行為が苦手です。基本は何も起きないのに注視するということには、ストレスさえ感じるでしょう。「中間取りまとめ」でも、「こうした配置を今後も継続していくことは、管制官の疲労管理の面で望ましくなく、新たなヒューマンエラーを招くことも懸念(けねん)される」としています。

管制官への注意喚起として、誤進入が起きたら警告音が鳴るようにすべきだという声もありますが、そもそもまず、「誤進入を検知する」が誤解のもととなる表現であることを理解する必要があります。

レーダーでは、航空機の現在位置を把握することはできますが、その移動が管制官の指示に反して行なわれたものかどうかは判断できません。管制官が滑走路に入るよう指示したのか、滑走路の手前で待機するよう指示したのか、その指示内容を音声認識などで把握できない限り、「誤進入を検知する」ことは不可能なのです。できるのは、異常接近を検知するということくらいです。

しかし、これは精度しだいで良くも悪くもなります。現状のシステム精度には、位置情報を誤認して注意喚起を発出してしまうという無視できない弱点があります。問題がないのに注意喚起の警報が鳴り出したら、それこそ交信の邪魔になり、集中力が奪われることは目に見えています。

この精度の問題も「中間取りまとめ」のなかで触れられており、「現在の空港面監視システムの位置精度や管制業務の影響も念頭に置きながら、音の大き

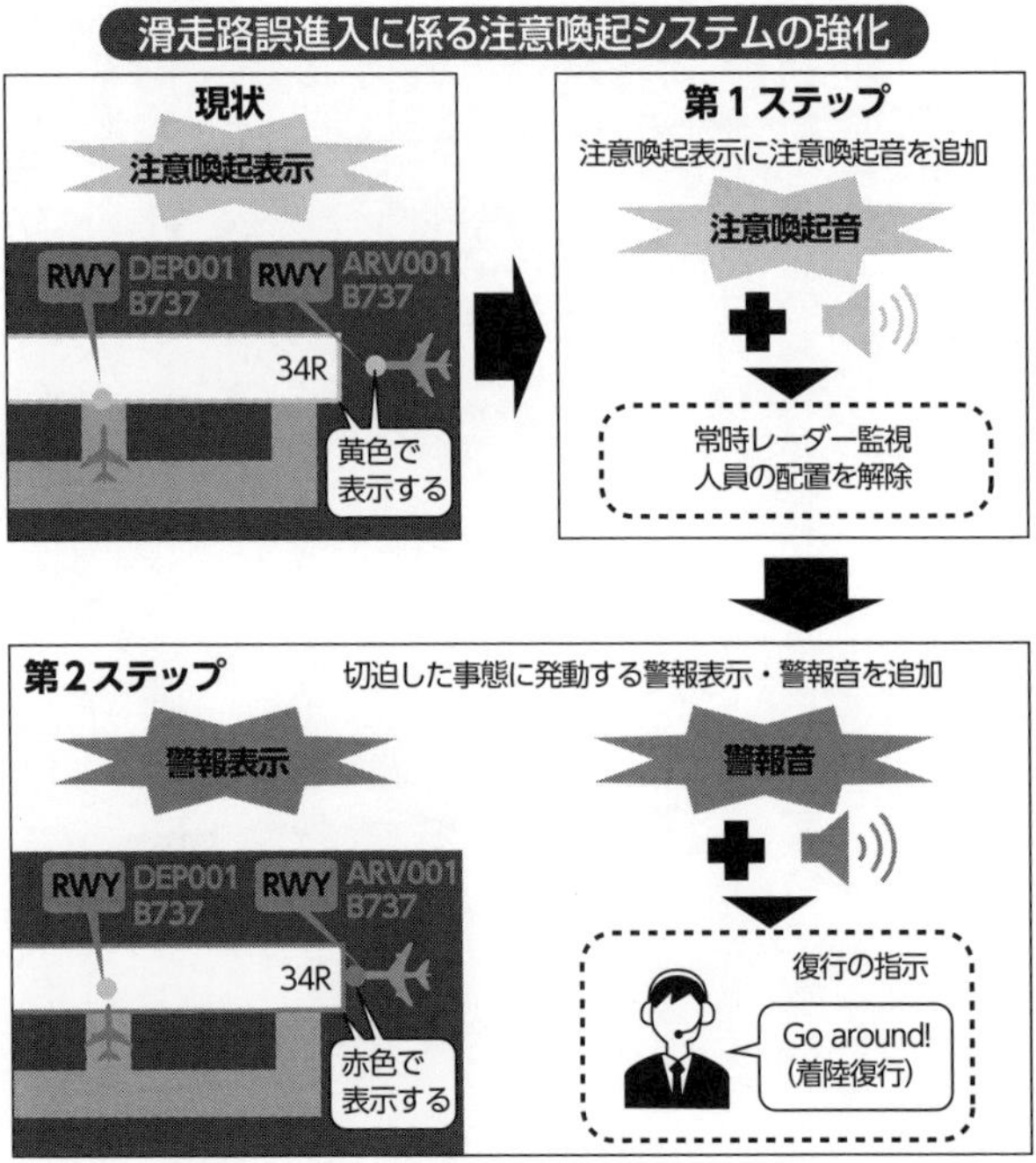

出典：国土交通省資料

さや種類など警報を詳細に調整する必要がある」と言及しています。

なお、実際に警告音を発する警報もあります。「対地接近警報」と呼ばれる、飛行機が地面に近づきすぎたときに出る警報です。これが発せられると、ズキュンズキュンとけたたましく警報が鳴ります。

飛行機が地面に近づく、ということは、一歩間違えると墜落という事態です。だからこそ激しく警告すると同時に、当該機に高度確認の指示をするようにルールとして定められています。これは、「Low altitude warning issued ＝ ＬＡＷ」と呼ばれています。

警報音も出なければ、警告が出た際の手順も定められていなかったのにはワケがあるということです。

管制官とパイロットにとって「有益な警告」の条件とは

羽田空港の事故では、滑走路上で出発機（海保機）と到着機（日航機）が衝突するという惨事になりました。滑走路上での機体同士の衝突や接触の可能性については、さまざまなケースがあります。出発機と到着機以外の組み合わせで起きた接触事例もあります。

たとえば、滑走路に出発のために待機している飛行機がいるときに、別の飛行機が滑走路を横断して移動することがあります。滑走路を横断中の飛行機が通り抜けた後に、離陸許可を発出する、というシチュエーションです。

管制官にとって、こうした運用は通常のことであり、とくに珍しくはありません。しかし、横断中の飛行機を失念して離陸許可を出したケースも実際に起きており、何らかの警報などで注意喚起するべき運用であることはたしかです。

では、滑走路上で飛行機同士がどれくらい近づいたら、もしくはどのような状況にあったら自動的に警告を出すべきなのか。

この答えは、「管制官の予測や判断そのもの」です。もし、この検知が自動かつ適切に可能ならば、AI管制に置き換えることも可能ということになるでしょう。「停止線を越えたことを検知したら警報を発する」というような単純な閾値を設けるだけでは、管制官の仕事の置き換えにはなり得ないのです。

たとえ、到着機の接近中に出発機を出すというタイトな状況であっても、離陸が間に合えばよいわけです。管制方式基準では、到着機と出発機について滑走路1本分の間隔を空けることが定められていますが、逆にいえば、その間隔まではぎりぎり近づけてもよい、ということになります。

さらに、「出発機、到着機間の短縮間隔」というルールもあります。出発機が地面から浮いてしまえば、（出発機がまだ滑走路の直上にいたとしても）到着機はその滑走路に接地してもよいというルールで、これに従えば、飛行機2機間を約1800メートルまで近づけてよいということになります。

そして、さまざまなシチュエーションに応じた有益な警報を管制官が発するためには、出発機と到着機の位置関係を予測できていなければならないということは、改めていうまでもないでしょう。

管制官にとって違和感のない、頼りたくなる警告を出すということは、そう簡単ではありません。関連する航空機と管制が持つ情報を集約したうえで、衝突予測を導き出す高度なアルゴリズムを構築して、初めて実現されるものなのです。

管制官が手動で操作する「STBL」の仕組み

現在、国内の主要空港には注意喚起をうながすシステムがいくつも導入されています。その1つがSTBL（Stop Bar Light Control System：航空機ストップバー灯システム）です。滑走路に進入する手前の停止線に沿って点灯する赤色灯火で、いってみれば〝滑走路の信号機〟です。

滑走路への進入許可が出ていない状態では、この赤い灯火が停止線を横切るように点灯します。進入許可を発出するとともに管制官が手動で赤い灯火を消すと、同時に進行方向にグリーンの誘導灯（ＴＣＬＬ）が点灯します。飛行機が進入し終えると、センサーがそれを検知し、自動的に停止線に赤い灯火がふたたび点灯します。

パイロットの立場からすれば、管制官との交信で進入許可を確認すると同時に、目の前の赤い灯火が消えることで、「滑走路に進入してよい状態であること」を目と耳の両方で確認することができます。

このように聞くと、ＳＴＢＬは便利で有用なシステムであり、当然常に使用されているものだと思うでしょう。しかし現在、このＳＴＢＬは「低視程時」と呼ばれる気象条件のときのみに運用すると定められています。たとえば濃い霧が発生し、視界が悪いときなどが、その条件にあたります。

パイロットは、目視で前方を確認することが原則です。パイロットが自分の目で外を監視し、滑走路に飛行機がいないことを確認して進入すべきというのが基本的な考え方なのです。ですから、霧が濃くて周囲が見えない、ＳＴＢＬがないと停止位置がわからない、安全が確保できないといった場合に限って運用されているわけです。

これについて「中間取りまとめ」では、低視程時に限らず、常時運用してもよいのではないかと提言しています。

しかし、ＳＴＢＬを常時運用すれば安全確実かというと、そうではありません。結局は、人間である管制官が操作するものだからです。当然、ヒューマンエラーが起きる可能性もあります。「滑走路への進入を許可していないのに、つい誤って消灯してしまった」ということも起こり得るでしょう。

また、忙しいときに確実に操作を行なわないと、余計にパイロットから確認の交信が増えるでしょうし、１時間で何十機も相手に交信するなかで、そのつど灯火を消灯するために目線を運用卓に向け、ボタンを押すことはデメリットにもなりかねません。

さらにいえば、灯火にシステム上の不具合が発生し、「点灯するはずなのに点かない」「消えるはずなのに消えない」といったリスクもあります。「中間取りまとめ」でも、常時運用については「新たなヒューマンエラーにつながるリスクがあることなども考慮に入れ、引き続き慎重に検討する必要がある」としています。

ちなみに、管制方式基準によれば、管制官が停止の指示を出しているのにＳＴＢＬが消えていたり、反対に管制官が進入許可を出しているのにＳＴＢＬが点いているとき、つまり、管制の指示とＳＴＢＬの指示が異なるときは、パイロットはかならず管制官に交信で確認しなければならないルールになっています。

羽田空港での事故の際に、このＳＴＢＬはメンテナンス中で運用を休止していました。マスメディアの報道や有識者のコメントのなかには、このことが事故の要因の１つになったのではないか、という声もありましたが、それは正しくありません。

たしかにメンテナンス中で、運用を休止していたのは事実です。しかし、前述したように、ＳＴＢＬは低視程時に限って使用されます。事故が起きた時間に霧が発生していたわけでもなく、夜間とはいえ、視界も良好でした。通常、この条件でＳＴＢＬを使用することはありません。「ＳＴＢＬがメンテナンス中でなかったら、事故は防げたかもしれない」というニュアンスでの報道は正確ではありません。

ＳＴＢＬの常時運用を実現するには、最低限、管制官が消灯作業時に目線を下げなくてもそのボタンが判別できること、また、押し間違いなどが発生しない工夫、押し間違いにみずから気づけるような工夫が必須でしょう。

滑走路の状況を自動で検知する「ＲＷＳＬ」の仕組み

ＳＴＢＬを常時運用しないのは、手動操作によるものなので新たなヒューマンエラーのリスクが発生することが理由だと前項で述べました。

一方、自動で行なうシステムもあります。それがＲＷＳＬ（Runway Status Lights：滑走路状態表示灯）です。このシステムについて、「中間取りまとめ」では「導入を拡大することを検討すべきである」としています。

ＲＷＳＬもまた、ＳＴＢＬと同じ役割をする〝滑走路の信号機〟です。ＳＴＢＬと異なるのは「全自動」だということ。滑走路の使用状況を自動で検知して作動するというところがポイントです。

ＲＷＳＬはすでに新千歳空港、大阪国際空港、福岡空港、那覇空港で導入されています。羽田空港でも、今回の事故を受けて２０２４（令和６）年10月に設置工事が始まり、２０２８年３月末までに運用を開始することを予定しています。

では、もしもこのＲＷＳＬが設置されていたら、今回の羽田の事故は防げたのか、検討してみましょう。

ＲＷＳＬの仕組みを詳しく見ていくと、２つのシチュエーションに分けられます。

１つは、これから離陸しようとする飛行機に対して、前方の滑走路上に進入（または横断）しているほかの飛行機がいるシチュエーション。これを感知すると警告のために赤い灯火が点きます（これをＴＨＬ：Takeoff Hold Lightといいます）。

一方、誘導路から滑走路に進入しようとする飛行機（または車両）に対して、これから滑走路上で離陸しようとする飛行機、または着陸しようとする飛行機がいるシチュエーションです。こちらも感知すると、赤い灯火で警告します（これをＲＥＬ：Runway Entrance Lightといいます）。

さらに細かく作動上の特徴を見ていきます。

出発機については、速度が30ノットに達したときに作動するようになっています。動き出して30ノットに達したときに、この速度を感知して警告灯が点きます。ちなみにこの30ノットは一般的な地上走行に比べて速い速度です。

到着機については、滑走路末端（まったん）から設定した距離に到達すると、その滑走路に付随（ふずい）するすべてのＲＥＬが点灯します。その後、この飛行機が接地して約80ノット未満になったら、30秒以内にその航空機が接近しない誘導路における灯火は消灯。さらに減速して、34ノット未満になると、すべての誘導路における灯火が消灯します。

これは、到着機が地上走行に入ったと見て、パイロットの判断で衝突の回避が可能な状態に移行したということを意味します。なお、各パラメーターの設定（距離、時間、速度）

RWSLの仕組み

①滑走路への進入機がいる場合

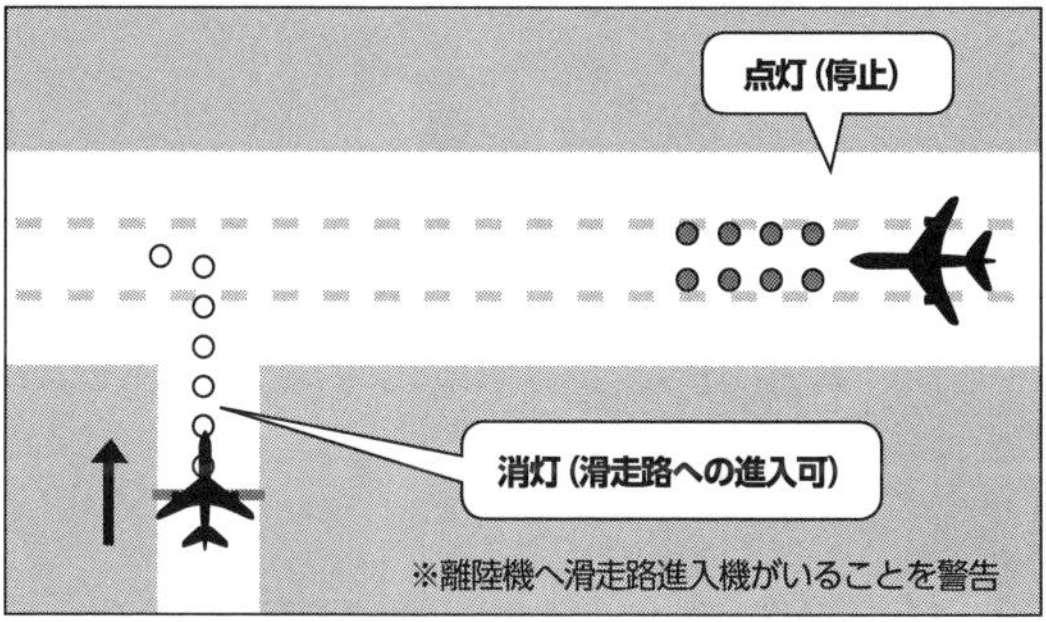

離陸待機警告灯（THL）

②滑走路に離着陸機がいる場合

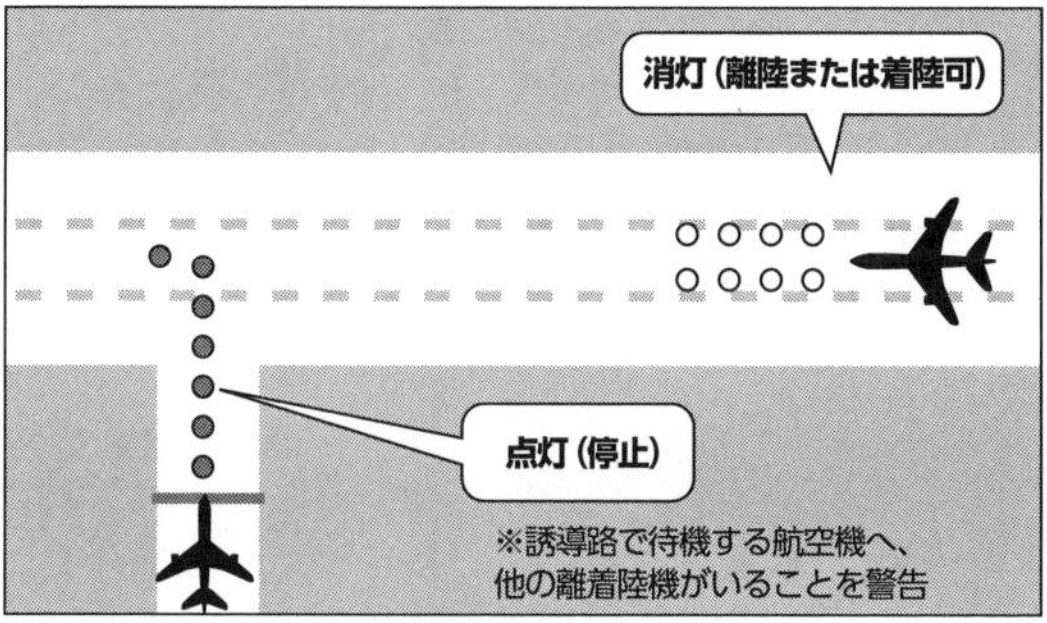

航空機接近警告灯（REL）

出典：国土交通省資料

は任意の調整が可能です。

ここで重要なポイントとして注目したいのが、滑走路末端からの距離を何マイルに設定するか、ということです。RWSLの機能を説明するドキュメント類には、到着機が1マイル（約1・852キロメートル）に到達した段階でRELが作動するとしています。

到着機が1マイルに迫っている時点で、出発機に離陸許可を出す管制官はほぼいないでしょう。「間に合わない」と考えるのが通常の判断です。

では、到着機が滑走路末端からどのくらいの距離にいる段階で離陸許可を出せば間に合うのかといえば、その正しい〝物差し〟はありません。各管制官の判断も異なるでしょうし、気象条件、当該機の機体の大きさやパフォーマンスによっても異なります。つまり、条件によっては、到着機が滑走路末端から2マイル、3マイルにいる時点で出発機に離陸許可を出す、ということも十分にあり得るわけです。

羽田空港で起きた事故に照らし合わせると、海保機が滑走路に進入してから45秒後に事故が発生しています。一般的に最終進入速度は130~150ノット、私の経験からするとグラウンドスピード（対地速度）でほぼ130ノット程度だと思いますが、ここでは計算をしやすくするために120ノットとしましょう。

１２０ノットの速度であれば、1分間に2マイル進むことになります。45秒に換算すれば、１・５マイル。海保機が滑走路に進入した時点で、日航機は滑走路の端から１・５マイルの地点にいた、ということになります。となると、もしもＲＷＳＬが設置・作動していたとしても、警告灯（ＲＥＬ）は点灯しなかった、つまり、海保機の進入は防げなかったことになります。

では、ＲＥＬが点灯する距離をもっと長くして、到着機が滑走路の端から2マイルにいる時点で警告灯が点く設定にしたらどうなのでしょうか。

その設定では、管制官がすでに離陸許可を出している航空機がいざ滑走路に差しかかったときに、後続の到着機が2マイルに到達したために、突然、赤い灯火が点灯するということも起こり得ます。

これは、管制官の離陸許可の判断にすら影響を及ぼすリスクとなるでしょう。ＲＥＬが点灯してしまうくらいなら、離陸許可を発出するのをやめようと考えるかもしれません。

ＲＷＳＬは優（すぐ）れたシステムです。しかし、設置さえすれば事故は防げるという、単純な話ではないということは、よく理解しておく必要があります。

「技術革新の推進」は、どこまで可能なのか?

「3. 管制業務の実施体制の強化」については、のちほど詳細に見ながら解説していきます。その前に4と5について解説します。

「4. 滑走路の安全に係る推進体制の強化」については、要は「推進体制」、つまり組織の話ですから、とくに解説すべきところはありません。今までもやってきていることを、改めて「強化する」と述べていると考えてください。

「5. 技術革新の推進」は、未来の話です。最新のテクノロジーの可能性については、今後も、万一ヒューマンエラーが発生しても、事故に至らないようにさまざまなテクノロジーを活用していくための開発や研究を進めていくことが述べられています。

「中間取りまとめ」本文では「CARATS」の名前が出てきますが、これは「Collaborative Actions for Renovation of Air Traffic Systems」の略称で、産学官連携による調査・研究を行なう、将来の航空交通システムに関する長期ビジョンのことです。

このなかで、滑走路誤進入検知システム、航空交通管理の高度化などについて研究が進められていることが述べられています。ここでは、ADS－B、SURF－Aなどの個々の最新技術について詳細に踏みこむことはしませんが、「航空交通管理の高度化」については、前著『航空管制 知られざる最前線』でも触れています。

注目すべきポイントは、現在、研究開発が進められている滑走路進入検知システムについて、「現状では位置情報等の精度や信頼性に課題があり」と指摘していることです。

既存のシステムの精度についてはすでに言及しましたが、開発中のシステムもまた、精度についての課題が示されているわけです。

AIを駆使すれば、航空管制の精度は上がるか?

昨今、AIの進化・普及によって人間の仕事はどう変わるのか、人間の仕事をAIが担う、あるいはAIに奪われるのか、ということがよく議論されています。航空管制においても、AIが人間の判断を代替し、より精度の高い予測にもとづく管制が可能になるのではないか、という声もあります。

結論からいえば、パイロットが人である限り、管制官はAIよりも人間が担ったほうがうまくいくと思います。さまざまな装置を駆使しようとも、かえって邪魔になる可能性すらあります。

ＡＩは比較的単純な作業、マニュアルどおりに実行すればこなせるような仕事は得意としますが、プロのあいだでも判断が分かれるようなこと、まったく新しいものに対して答えを出すことは苦手です。

管制には、まったく初めての事態に対応する、ということがつきものです。そのようなもっとも重要な部分こそ、人間にしかできない領域だということです。それが現在における「ＡＩ管制は可能なのか」に対する回答だといえるでしょう。

実際の管制では、正解のない場面にすら遭遇することがあります。たとえば、ほぼ同じタイミングで、ある飛行機からエンジントラブル発生による「緊急状態の宣言」があり、別の機からは「急患が発生したことにより優先権を要求する」訴えがあり、さらにもともと予定にあったＶＩＰの乗った特別機の到着が重なったとします。３機に対し、どの航空機を優先して指示を行なうか、管制官は決断を迫られることになります。

管制方式基準に、このような場合にどの機を優先するかという記載はありません。「管制官の裁量の判断によって対処する」というのが唯一の規定です。

私なら、少なくともエンジントラブルを抱えた緊急機は後回しにします。「今にも墜落してしまう可能性だってあるのに」と、この判断に疑問を感じる人もいることでしょう。その理由は、エンジントラブルを抱えた機を着陸させた瞬間、自動的に滑走路閉鎖となり、10分以上は離着陸が不可能になるからです。そのあいだ、急患が乗っている機もＶＩＰが乗っている機も、上空待機を指示することになります。

もしもＡＩに判断させたら、私の判断とは異なる順序になるかもしれません。たとえば「ＶＩＰが乗っている機は先に着陸させても他機に何ら影響を及ぼさないため、最優先にする」と判断することも考えられます。

あえて極端な例を挙げましたが、管制官のあいだでもこのケースは判断が分かれます。なぜなら、管制官個々人がこれまで遭遇してきたトラブルと、その対処によって得られた成功体験が異なるからです。

人間は自分が経験したことや感じてきたことを参考にして、初めて遭遇することへの対処方法を導き出す生き物です。つまり、ＡＩに学習させ、プログラミングするにあたっての参考情報がそもそもバラバラなのです。だからこそ、管制官の代わりをＡＩが担うことはさらに難しいといえるのです。

では、今後時間をかけてシステムの精度を高めていけば可能なのか、と問われると、「飛行機の操縦が完全に自動化されれば可能だろう」としか言いようがありません。

前述したケースにおいても、管制官と3機のパイロットを代替するAIが協調的に意思決定を行ない、結論を導くプロセスが求められるでしょう。

「管制業務の実施体制の強化」を読みとく

今回の「中間取りまとめ」のなかで、新たな提言であり、肝要でもあるといえるのが「3．管制業務の実施体制の強化」です。

このなかの「管制官の人的体制の強化・拡充」の内容を見てみると、かなり具体的な提案をしていることがわかります。「離着陸調整担当」という新しいポジションを新設するという提案です。これについて詳しく見ていきましょう。

まず、現状において「調整」がどのように行なわれているかを説明します。

滑走路担当の管制官は、手元にあるレーダー画面を見ながら外を目視して各機の位置を確認し、離着陸許可の発出などの判断を行ないます。たとえば、到着機の前に出発機を出そうと考えた場合、出発機を出すタイミングや到着機の間隔を広げるなどの調整をターミナルレーダー管制所や地上担当管制官とコミュニケーションをとりながら進めます。

とくに、滑走路担当と、すぐ隣にいる地上担当は調整の連続です。確実に調整が必要な例として、滑走路点検が挙げられます。

空港では1日に2回、滑走路点検を行なうことが国際ルールで推奨されています。たいていは離着陸機が少ない早朝と昼前後に行なわれます。このとき、最後の出発機または着陸機が滑走路からいなくなったタイミングで、滑走路担当は地上担当に「滑走路点検車両を入れてください」と伝えます。

ほかにも、出発を予定している機がインターセクション・デパーチャーを要求してくる例があります。地上担当と交信中に要求してくることも珍しくありません。その際、地上担当は滑走路担当にその旨（むね）を伝え、滑走路担当が許可すれば、パイロットに対してインターセクション・デパーチャーを行なう誘導路までの走行を指示します。

こうしたコミュニケーションは、外の監視やパイロットとの交信、システムの操作・入力などの業務の合間を縫（ぬ）って、同時進行で行なわれています。それが個々人の負荷を高めているのではないか、ということで、管制官の業務分担の見直しを「中間取りまとめ」では提言しています。

そして、その「業務分担の見直し」の具体策が、離着陸調整担当という新規のポジションの設置というわけです。

では、離着陸調整担当とは、いったいどのような業務を行なうのでしょうか。「中間取りまとめ」には「関係管制官との調整業務を専で行う」と記されています。つまり、滑走路担当管制官の業務を少しでも軽減するために、一部のタスク＝関係管制官との調整業務を、別の管制官＝離着陸調整担当に振り分けよう、というのがこの提案の発想です。

「離着陸調整担当」を新設するメリットとは

「離着陸調整担当」管制官を新設するメリットから説明しましょう。

たとえば、滑走路担当管制官が隣の管制官とコミュニケーションをとる余裕すらないほど忙しいときは、補助役として役立つことが考えられます。

管制官の仕事は、究極のマルチタスクといわれるほど忙しい（時間帯がある）のはたしかですが、「常に交信がまったく途切れない」というほどではありません。どんなに忙しいといっても、交信と交信のあいだは数秒～十数秒ほど空くことがあります。隣席とのたいていのコミュニケーションは、この隙間にとれるはずです。ところが、その十数秒も確保できないほど、しゃべりっぱなしになる瞬間があります。

そんなとき、ほかの管制官との調整を専任で行なう管制官がサポートしてくれていたら、乗り切れるのではないかと思います。ただし、うまく機能するかどうかは役割の置き方次第だといえます。

「離着陸調整担当」の新設で懸念されること

前述した滑走路点検時、現状では「まだ出発機がいるので、滑走路点検車両は待機させておいてください」といった調整は、滑走路担当管制官が地上担当管制官に対して直接伝えています。これを離着陸調整担当が代行することを検討すべき、というのが今回の提言です。

つまり、A（滑走路担当）が指示したいことを、C（離着陸調整担当）が聞いて理解し、B（地上担当またはターミナルレーダー管制所）に正しく伝えるという仕組みです。

これについて、まず気になることは、「そもそも、Aの意図をCが正しくBに伝えられるのか」です。正しく伝わるかどうかだけではなく、Aは自分のいいたいことが正しく伝わっているかどうかを認識する、ということも重要です。そのため、AはBとCの会話の内容も聞いておきたいという気持ちになるでしょう。

一般的に、業務を分担して関わる人が増えると、それにともなって「監視」すべきことが増えます。情報を発信した人は、自分が発した情報が正しく伝わっているか、ということが気になって監視をするわけです。

A（滑走路担当）がこの飛行機にこう指示を出したい、そのためには、隣のB（地上担当）にこの飛行機にこういう指示を出しておいてほしい、というときがあります。

当然、Aは自分がBに依頼した指示がちゃんと伝わっていてほしい、こちらの意図を理解して行動をとってほしいと思っています。その確認のため、お互いに無線で何を会話しているかも聞いています。

ところが、離着陸調整担当（C）があいだに入ることで、Aの監視対象がもう1人増えることになります。これまでは、AはBのリアクションを見て、自分の意図が伝わったことを確認できれば問題なかったのに、今後は、AはCが自分の意図を正しく理解できてい

「業務分担の見直し」のイメージ

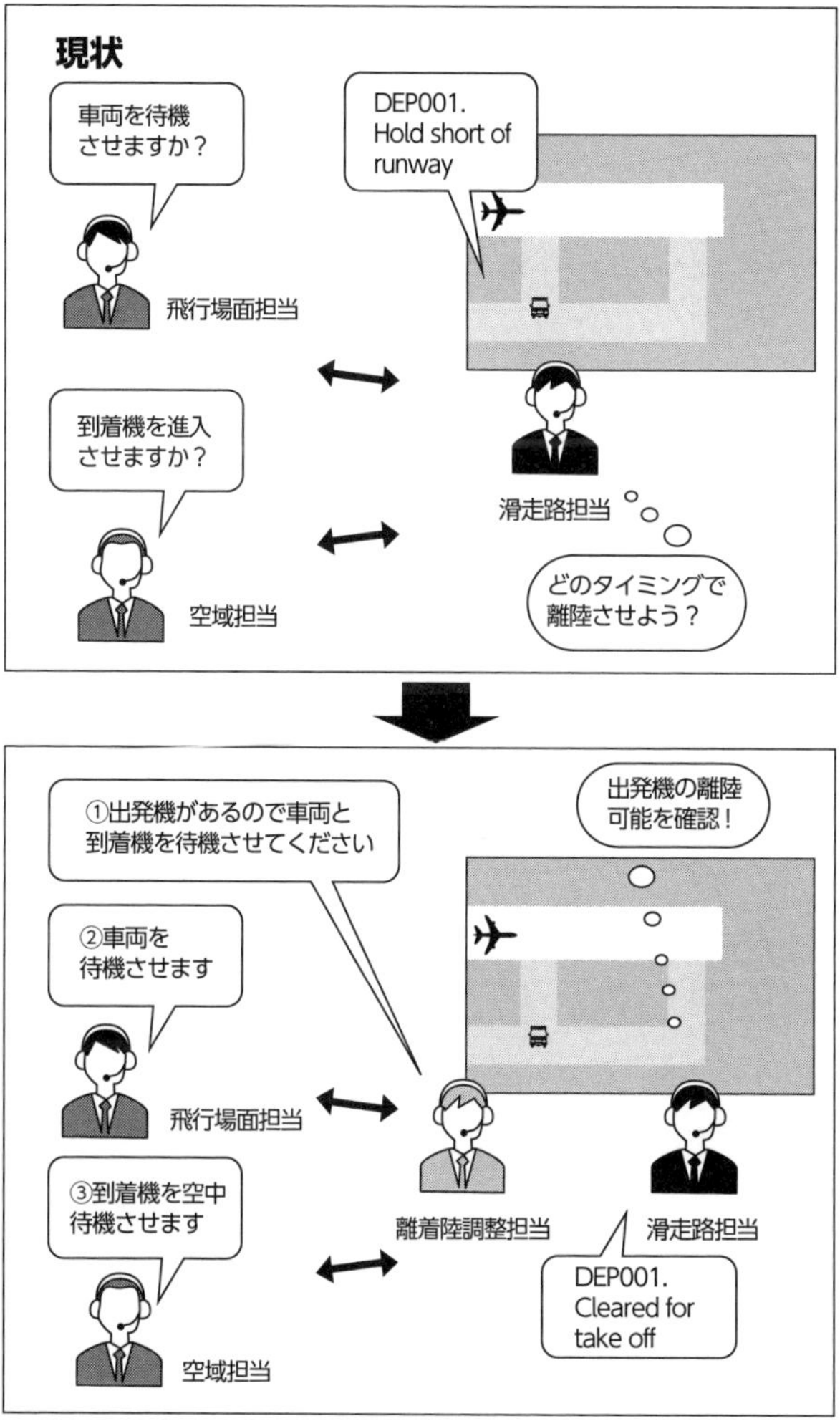

出典：国土交通省資料

るかどうか、次にCがそれをBに正しく伝えられたかどうか、最後にBがAの意図を理解したかどうかまで確認することになるでしょう。

伝達するステップが増えれば増えるほど、自分の情報が間違いなく伝わっているかどうかを監視する手間がAに発生することになります。作業負荷を軽減できるメリットはありますが、その代わりに監視負荷が高まるデメリットが生じるということです。

離着陸調整担当に予想される「やりにくさ」とは

今度は、介在する側の離着陸調整担当について考えてみます。

離着陸調整担当は、常に滑走路を監視し、直接パイロットと交信を行なう滑走路担当と比べると、どうしても「意識の集中度合い」でわずかな差が出てしまう恐れがあるように思います。

あくまで、滑走路担当をサポートする立場であり、地上担当やターミナルレーダー管制所とも交信できますが、自分の考えを指示できるわけではありません。サポートのみという立場になると、自分で交信していない分、交通状況を頭に焼き付ける意識が疎(おろそ)かにな らざるを得ないと感じます。

管制官は自分で意識して指示を出し、声に発することで意識に残すということを自然に行なっているため、それができない離着陸調整担当は、交通状況や誰に何の指示をしたのかを覚えておくという点でハンデを抱えることになるのは容易に想像できます。

さらに、同じ管制官である以上、離着陸調整担当も自分なりの価値観を持っているはずです。「この交通状況では、このように指示をしたほうがよいのでは」「このタイミングでは、まずこういう指示を出すべきだ」といった考えがよぎることもあるでしょう。かといって、「ここは、この指示を先に出したほうがいいですよ」「そうしたいなら、この調整を先にしておかないと」などとアドバイスする役割ではないのです。

その一方で、どの飛行機がどの位置にいて、どんな指示を待っているのか、今、考えられるリスクは何か、それにどう対処するか、といった予測、想像も行ないながら調整の準備をしておく必要はあります。

自分の価値観や意思をいったん捨てて、サポートに徹しながら周囲の状況もしっかりと把握するというのは、文字で表すと簡単ですが、いざ現場で実践するとなると、けっして簡単な仕事ではないように感じます。

トラブルが発生したとき、責任の所在はどうなる?

トラブルが起きた場合において、滑走路担当と離着陸調整担当のあいだで、責任の所在をどう考えるのか、ということも気になるところです。

滑走路担当が行ないたい調整、たとえば、到着機に速度を落とす指示をするためにターミナルレーダー管制所と調整したかったが、離着陸調整担当とターミナルレーダー管制所のあいだでコミュニケーションエラーがあり、言ったはずなのに伝わっていなかった、そのせいで何らかのトラブルにつながったというケースが発生したとします。

その場合、従来はA(滑走路担当)からB(ターミナルレーダー管制所)に直接伝えていたところを、C(離着陸調整担当)が介在してA→C→Bとなるわけですから、どこで言い間違い、聞き間違いが起きたのか、どこで意思疎通がうまくいかなかったのか、検証する必要が出てくるはずです。

責任の所在に関していえば、パイロットと直接交信でき、最後の最後で回避の指示ができる滑走路担当が一義的な責任を負うことになるだろうと私は思います。

ただし、そのトラブルの引き金になったのが、パイロットと直接交信することのない離着陸調整担当による調整だったとなれば、誰が最終的に責任を有するのか複雑化するでしょう。

最後の砦（とりで）としてエラーを防ぐことができたのは誰か、という観点では、滑走路担当がやはり責任を持って離着陸調整担当の行動も見ておくべきだと思います。

ただし、そうなると、コミュニケーションエラーや集中力の欠如（けつじょ）により〝穴〟をつくってしまうかもしれないという意味で、離着陸調整担当の新設がリスクを増やす要素になりかねない恐れがあります。

「管制官はマルチタスクである」という誤解

「管制官の業務はマルチタスクである」とよくいわれます。しかし、実際にこうした業務を行なってきた私としては「マルチタスク」という言葉に違和感を覚えます。

たしかに複数のパイロットと交信しながら、同時にほかの管制官とも情報交換や調整を行なっています。さらに、耳で音声を聞きながら、手元のモニターに表示されたデータと目の前の滑走路も見つつ、的確な判断を下して指示しなければなりません。その意味では、「マルチタスク」ともいえるのかもしれません。

しかし、これをマルチタスクというなら、世の中の人たちがやっていることはたいていマルチタスクのようにも思えてきます。

管制官は、到着機に減速を指示しながら、滑走路へ向かう出発機をどの時点で停止させるかを判断し、次の飛行機のことも考えています。目と耳から入る情報を処理しながら、頭のなかでは次に出す指示を準備するのが仕事です。

「マルチタスク」の定義が広義すぎるのかもしれませんが、正しくは予測力と事前準備をしておく段取りのよさがものをいう仕事だと思います。あれもこれも抱えて同時並行作業にならないよう、数分前、もっと前から手を打っておく。自分の周波数で航空機が過密にならないよう分散させておき、「マルチタスク」を極力減らすことが、忙しくても安全を保ち続ける秘訣です。

管制官の仕事は、視覚・聴覚をフルに働かせなければ務まりません。しかしそれは、それをやらざるを得ない状況にとっておくものです。優先順位を意識して、淡々（たんたん）と1つひとつの作業を手早く処理しておく。そこから勝負は始まっています。

7章 安全を保つために管制に求められる役割

羽田空港の発着枠は本当に「多すぎる」のか？

航空管制業務の忙しさの底流に、航空交通の過密さがあることはたしかでしょう。脳を休める時間がなければパフォーマンスが落ちてしまうのは、人間である以上、避けて通ることができません。はたして、羽田空港の発着枠は多すぎるのか。まずは、この観点から考察してみます。

羽田空港の発着枠は、滑走路で処理できる便数が1時間あたり90便というところを起点として、各航空会社への配分が行なわれています。この「90」という数字は、どこから導き出されたものなのでしょうか。

羽田空港の1時間あたりの発着枠は、おもに「機種」「飛行速度」「管制間隔」「滑走路占有時間」が算出のための要素となります。

機種は大型機か、中型機か、小型機か。飛行速度は離陸上昇、着陸進入、着陸復行それぞれのスピード。管制間隔は管制方式基準に定められている滑走路における間隔を基準に、先行機が大型で、後続機が中型または小型の場合には「後方乱気流間隔」を追加するなどです。

これらを加味(かみ)した滑走路占有時間(航空機が離着陸動作のため滑走路上に滞在する時間)が設定され、3600秒のうち1機が何秒の滑走路占有時間+バッファー(余裕)を要するかをもとに算出されます。

羽田空港は世界でも有数の交通量を抱える空港ですが、数字だけでいうなら、海外には羽田よりも発着枠が多い空港はたくさんあります。

滑走路1本あたりで処理する機数が世界でもっとも多いのはインドのムンバイ空港で、1時間に55回。日本では、福岡空港で38回です。

滑走路2本運用で処理する機数では、ドイツのミュンヘン空港、イギリスのロンドン・ヒースロー空港などは、時間帯によって90〜100回を超えるともいわれています。日本では成田空港の72回が最大値ですから、1時間あたりの数でいえば、日本はけっして多くはありません。

マスメディアなどでは羽田空港の混雑を今回の事故の要因の1つに挙げる声もありますが、交通量の大小にかかわらず、過去にも滑走路上での衝突事故は起きています。

提案❶「監視支援担当」管制官の設置

前章で、羽田空港航空機衝突事故対策検討委員会が提案する「離着陸調整担当」について解説しました。人数を1人追加するという点は、非常に意義のあることだと思います。しかし私は、その1名をもっとも有効に活用するうえでは「離着陸調整担当」ではなく「監視支援担当」という役割が望ましいと考えています。

ここで提案する監視支援担当の管制官は、あくまで監視と支援という役割にとどまり、代わりに調整を行なったり、介入したりといった役割を担うことは想定していません。以下に「監視支援担当」の業務を具体的に細分化して解説します。

【リードバック監視】

リードバック監視では、パイロットが滑走路担当管制官の出した指示を正しく復唱（リードバック）しているかどうかを監視します。もしも、パイロットが復唱しなかった、または間違って復唱していた場合、管制官が気づいていなかったら、そのことを助言します。

滑走路担当の立場からすれば、リードバックの確認は常に細心(さいしん)の注意を払っています。それでも、抜け漏(も)れがあるのではないかという不安を抱えながら業務に就いています。そこにもう1人、自分の代わりに監視を行なってくれる管制官がいるということで、安心感が増すという効果があります。

【飛行機の行動監視】

飛行機の行動監視では、管制官の指示したとおりに飛行機が動いているかどうかの監視を補助します。もしも、飛行機が指示とは異なる動きをし、管制官がこれを見逃していたら、「飛行機の行動が間違っている」ことを滑走路担当に指摘します。

羽田空港の事故では、管制官は滑走路手前までの走行を指示しましたが、海保機は停止線を越えて滑走路に進入してしまいました。このとき、滑走路担当は海保機の進入に気づくことができませんでした。気づけていれば、海保機に停止指示を出したり、到着の日航機にゴーアラウンド（着陸やりなおし）の指示を出すことができたはずです。

滑走路担当は目の前の飛行機だけでなく、その先の飛行機のプランニングや調整も並行させながら監視を行なっています。一方、監視支援担当は、飛行機が指示どおりに動いているかどうかを追いかけることに集中できるため、滑走路担当の指示と異なる動きをしていることを、より発見しやすくなるはずです。

【リスニングの支援】

管制官とパイロットの交信は、基本的に英語で行ないます。そして、ネイティブが話すスピードが速すぎて聞きとれない、パイロットの英語力が拙くて意味が汲みとれない、ほかのことに頭を使っていて聞き逃したなどの場合、もう一度聞き返す（「Confirm」または「Say again」）ことをしています。

それでも、パイロットの意図が理解できないケースもあれば、交信にノイズが入って音声が不明瞭なケースもあります。そんなとき、リスニングをサポートしてくれる補助役がいれば、滑走路担当は心強いでしょう。

滑走路担当は、頭のなかでさまざまなことを考えながらパイロットの声を聞いているため、どうしても瞬間的にヒアリング能力が低下してしまうことがあります。

一方、監視支援担当は、滑走路担当のようにほかの機のプランニングや調整を行なう必要がありません。つまり、精神的にもプレッシャーから解放され、落ち着いた状態でリスニングに集中することができます。滑走路担当が聞きとれなくても、監視支援担当なら聞きとれる、ということもあるはずです。

「監視支援担当」を置くと、「滑走路担当」の仕事はどう変わる?

「監視支援担当」を置くことで、滑走路担当の仕事はどのように変わるのでしょうか。

離着陸調整担当が置かれた場合、滑走路担当の仕事の一部である内部調整を引き継ぐことになるので、滑走路担当の業務にも少なからず変化が生じます。一方で、「監視支援担当」が追加されても、滑走路担当の仕事はこれまでとまったく変わりません。

これでは、滑走路担当の負担は軽減されないではないか、マルチタスクも解消されないではないか、と思う人もいるでしょう。

しかし、私はそれでよいと思います。なぜなら、今回のような事故は、マルチタスクによって負担が増したことで引き起こされたものではないと考えているからです。

混雑していてもそうでなくても、業務負荷が高くてもそうでなくても、事故はいつどこでも起こり得るし、また防ぎ得るはずです。事故をゼロにする発想ではなく、最後の砦(とりで)を強化することが、航空管制業務全体の底上げにつながると考えています。

私が提案する監視支援担当は、いってみれば管制官に〝秘書〟をつけるようなものです。主となる管制官がその能力を十分に発揮できるよう、横にいてしっかり監視しながらチェックする役目を担います。滑走路担当は今までとやるべきことは同じだとしても、余計な不安から解放され、負担も軽減されるはずです。

また、サポートする監視支援担当も、やりやすくなると考えます。滑走路担当が何を考えているのかを推測する必要がないからです。あくまで、滑走路担当が意図したとおりに物事が進んでいるかをチェックしていればよいわけです。

もちろん、交信やレーダー情報を見ながら「自分ならこうするだろう」と想像することもあるでしょうが、あくまでやるべきことは監視と支援であって分担ではありません。

この関係は、管制官の訓練でも同様の制度があります。新人の管制官が管制席に座り、その横でベテランの監督官が見守りながら訓練を行ないますが、基本は管制席に座った新人管制官がすべてを担当し、何かミスや不都合があったときに監督官が指摘して修正します。訓練では訓練生と監督官の2人1組となりますが、管制官の資格を有する2人がペアとなり、1人の業務をもう1人がチェックすることができれば、最後の砦がより強固なものになることはいうまでもありません。

基本は管制席に座った人が全責任を持って、その仕事を担当します。その構図はあえて崩しません。このような役割分担がもっとも安全なのではないかと管制業務を経験した身から確信します。

調整補助は「対空席」と「滑走路担当」で、どんな違いがある?

じつは、東京航空交通管制部では管制官と調整役の2人1組、事実上の分業で業務を行なっています。東京航空交通管制部は、航空路管制（118ページ参照）において、日本に3か所ある航空路管制所（東京、神戸、福岡）のうち、もっとも規模の大きい官署です。

東京航空交通管制部に限らず、対空席（パイロットと交信する主担当）に調整役がつくのは通常の体制です。東京航空交通管制部は2人1組ですが、そのほかでは対空席2人に調整役1人というケースが多くあります。これは「離着陸調整担当の新設」と同じ発想です。

離着陸調整担当が新設されることで、滑走路担当の負荷が軽くなるのではと思うでしょうが、対空席と調整役のようにうまく機能するかといえば、そうとは限らないのです。なぜなら、ターミナルレーダー管制はレーダーという単一のデジタル情報を用いる一方、飛行場管制は目視というアナログ情報を用いた業務だからです。

レーダー管制は2D、平面の情報で業務を行ないます。レーダー画面には航空機の位置、高度、速度など、誰が見ても変わらない情報がデジタルで示されています。

ですから、対空席が行なう調整の内容は、誰から見ても明確なものです。たとえば、対空席が「この飛行機をこう飛ばしたい」と考えた場合、あるいはパイロットから「こう飛びたい」とリクエストがあり、そのリクエストを実現するためにほかの管制官との調整が必要な場合、どのような調整が必要なのかは、あえて対空席から調整役に指示をしなくてもわかります。

調整が完了すれば、調整役は対空席に報告し、対空席はパイロットに指示を出す、それだけです。基本は担当する空域の範囲内でどうするか、それによって空域の外にも影響があるなら、隣の空域を少し貸してもらう、それが航空路管制における調整です。ただし、こうした隣接空域との調整が、飛行場管制よりも頻繁（ひんぱん）に発生します。だからその分を、調整担当に受け持ってもらっているというのが、レーダー管制です。

一方、飛行場管制、なかでも滑走路担当はデジタル化されていない、直感的かつアナログな世界です。そのため、滑走路担当が何を意図して調整してほしいのか、客観的に見ている調整役が理解しにくいことが考えられます。滑走路担当が何をどのように調整してほしいのかを第三者が理解することも、滑走路担当がその内容を他者に説明できるかたちで言語化して共有することも、少しの手間が発生するでしょう。

このように判断の幅がターミナルレーダー管制に比べるともう少し大きいのが、飛行場管制の調整なのです。その分、意思疎通の難しさが、やはり出てきてしまうと思います。

離着陸調整担当は分業によって、「スイスチーズを穴のないチーズに置き換えようとする」発想に思えますが、監視支援担当は「穴のあるスイスチーズをもう一枚だけ重ねる」という発想にもとづいています。ヒューマンエラーの可能性をゼロにすることはできませんが、現在よりも一歩、安全性を高められることができるのはたしかでしょう。

提案❷ 管制官とパイロットの相互理解をさらに深める

私の考えるもう1つの提案。これは「中間取りまとめ」でも指摘していますが、管制官とパイロットの相互理解をもっと深めるということです。

管制官とパイロットの相互理解は、安全性を追求していくうえで欠かせない「基本」です。とにかく、管制官とパイロットは、もっと互いの業務について理解を深め、そして互いの考えていることを知るべきだと思います。

ふだん、仕事上の交信以外で、管制官とパイロットが互いを知る機会は多くありません。本当は知れば知るほど、円滑にお互いの業務を遂行(すいこう)しやすくなるはずですが、公式なものでは3か月に1回、交流があるかないかといったところでしょうか。

たとえば、パイロットにしてみれば「管制官から、なかなか次の指示がこない」と焦(あせ)る状況はよくあるはずです。そうした疑問を交流の場で気軽に質問できれば、「それはおそらく、このような状況だったからではないですか?」などと管制官側の事情や考え方を知ることができ、次回のフライト時に同じ状況で疑問を持つこともなくなるはずです。

管制官もまた、パイロットの仕事が手にとるようにわかるレベルまで理解を深めることができれば、「なぜ、こんな要求をしてくるのか」と疑問に思うことも自然と減ってくるはずです。パイロットの仕事への理解が進めば、要求がくる前に積極的にパイロットに対して「欲しい情報」を提供することもできるでしょう。

互いを理解することは、互いに相手の立場に立って交信を進めることができるということでもあります。管制官は、ついつい自分の都合でパイロットに指示を出してしまいがちです。もちろん、複数のパイロットとの交信を抱えているがゆえ、管制官の都合を押し通さないといけない場面もあります。

しかし、パイロットの立場を理解できていれば、「今、自分がこのタイミングでこのような表現で伝えたら、相手は誤解するかもしれない」と考えて、使う言葉やフレーズを工夫するでしょうし、「ここはパイロットがミスしやすいから、注視しておかなければ」という発想も生まれます。

前述したとおり、両者の交流や意見交換は、現在もいくつかの仕組みのなかで行なわれています。たとえば、管制官の搭乗訓練が挙げられます。管制官が実際にコックピット内に搭乗し、パイロットと意見交換を行なうものです。

搭乗訓練では、操縦中の機長と副操縦士の会話や、管制官とのやりとりなどを知ることができます。パイロットからすれば、交信相手の管制官がふだんと異なる指示をしてきた場合、すぐに同乗している管制官に意図を尋ねることができ、疑問も解消できる唯一の機会です。こうした小さなことの積み重ねが、安全の底上げには欠かせません。

さらにいえば、管制官も小型機の操縦訓練に同乗し、パイロットの立場で管制官との交信を経験したほうがよいとも思います。費用や時間を考えると現実的ではないかもしれませんが、それでも副操縦士の席に座っての交信を経験することは有意義だと思います。

たとえば、周囲の環境音。管制室は静かで、交信にも集中できますが、コックピット内はエンジン音や機械音などの雑音に満ちています。その状況を実際に体験することで、どんな声で、どんな抑揚で話せばパイロットが聞きとりやすいのか、どんなタイミングで何を伝えたら間違いが起こらないのか、みずから模索して考えることができるようになるはずです。

百聞は一見に如かず。パイロットの仕事を現場で体験する機会を増やすことは、急務だと考えます。

「専用SNS」を使ったコミュニケーション活性化の提案

くり返しになりますが、私が管制の現場にいて強く感じていたことは、管制官とパイロットは意外にお互いの仕事を知らないということです。

管制官とパイロットの互いの理解を深めるためには、まずは業務の一環として、定期的に意見交換を行なう場を増やすことがもっとも有用です。現在も月1回、「RTミーティング」というものが行なわれていますが、私は月1回では少なすぎると感じます。毎週行なってもよいくらいです。業務として行なうのですから、頻度が高くなれば、管制官が余計に忙しくなるだけではないかという声も聞こえてくるでしょう。もちろん、人員をしっかり拡充したうえで行なうことが前提です。

そのうえで、官署にいる全管制官がローテーションで参加し、パイロットと交信をテーマに話し合い、互いが感じた注意すべきポイント、参考となる意見のフィードバックを行ないます。安全対策に終わりはありません。高い頻度で継続することが重要です。

また、管制官として日々の業務をこなしていたとき、1日の勤務が終わった瞬間に、ふとその日あった出来事を思い出すことがありました。

インシデントやヒヤリハットというほど大きなことではない、ちょっとしたミスや注意点ですが、ほかの管制官やパイロットとも共有しておきたい内容です。「こんなことがありました」という報告程度のものでも、記録に残し、その記録を積み重ねておくことが日々の業務改善に役立つのではないかと感じていました。

実際、そうした報告を勤務終了後などに管制官が用紙に書きこみ、投函する仕組みも用意されていますが、この方法では紙に書くのが手間ですし、職場にいないときに思い出したことは報告できません。また、紙に書いてあることを精査して共有するには時間も手間も要するため、リアルタイム感に欠けることは否めません。

そこで、管制官、パイロット、グランドハンドリングなどの関係者のあいだで「関係者のみに公開されたＳＮＳ」のような仕組みを構築し、いつでも気軽に投稿でき、投稿した瞬間に公開され、それに対する反応もリアルタイムで見ることができるコミュニケーションの場を設けることが１つの解決策になると考えます。

専用ＳＮＳの開設にあたっては、関係者であれば誰でも見られる気軽さは重要ですが、業務の性質上、外部に投稿内容が漏れないようにセキュリティには十分な配慮が必要になるでしょう。

投稿者が自由に発言できるようにするためには、匿名性を確保する仕組みも必要になります。かといって、匿名をいいことに事実と異なる内容が投稿されるとＳＮＳ全体の信憑性が損なわれるため、所属だけは明らかにするなど、何らかの方法で投稿内容の真偽などを担保する仕組みも必要かもしれません。

組織や会社視点では、個人の裁量で自由な発信が行なわれることに不安を持つかもしれません。「その意見は組織、会社の総意なのかどうか」といった体裁に関する部分で、この仕組みに乗ることに対して及び腰になることは目に見えています。

しかし、最終目標は安全性の向上です。そこに国も民間も関係ありません。遠慮のない発言ができるというフラットな関係で同じ方向に進まなければ、いくら交流を促進したところで、その効果は薄いものになってしまうことを危惧(きぐ)しています。

「リアルな体験」を共有してこそ、管制のスキルは磨かれる

専用SNSを構築するメリットは、管制官とパイロットの相互理解の促進だけではありません。

管制の仕事はシフト制でローテーションしています。24時間空港であれば、1回の勤務8時間のうち、パイロットと交信する時間は休憩時間を除くと6時間程度。さらにその6時間のあいだ、異なる管制席をローテーションして回るので、たとえば「午前中の滑走路担当」を経験できる時間は、1か月で20時間から30時間ぐらいにしかなりません。

そうなると必然的に、イレギュラーな事象への対処に慣れることは不可能です。数か月

間、一切イレギュラーな事象に遭遇しないということもけっして珍しくありません。それでも、いざ自分が遭遇したときに正しく対処するには、他の人の経験も含め、可能な限り、あらゆる対処法を知っておく必要があります。

専用SNSがあれば、ある人が体験したこと、ある人が発見したヒヤリハットを共有することで、自分の経験値として蓄積できるようになります。

たとえば、特定の状況においてインターセクション・デパーチャー時に滑走路誤進入が発生した場合、その経験をした管制官本人にしかそのリスクを認識できません。しかし、専用SNSで共有できれば、投稿を読んだ人それぞれに「その環境下におけるインターセクションには気をつけよう」という意識が生まれるはずです。

SNSであれば、リアルタイムに伝えられるというメリットも大きなものがあります。リアルな体験を時間を置かずして共有できるため、一般論ではなく、個別かつ具体的な「生きた情報」にもとづく教訓が得られるでしょう。

また、プロのパイロットが操縦するジェット機しかほぼ飛ぶことのない羽田や成田などの巨大空港では起こり得ないような事故・事例が、アマチュアパイロットが操縦する訓練機や自家用プロペラ機が頻繁に利用する地方空港では起こることもあります。そうした知識が増えることも、管制のスキルを磨くことにつながるでしょう。

私自身、現役時代にはよく、各地の空港の管制塔を見学していました。現在は難しくなりましたが、かつては管制官同士のつながりで、気軽に見学することができたのです。

仙台空港の管制塔を見学し、無線交信を聞かせてもらったときには、業務の質の違いに驚きました。成田などの大空港では、飛行機は基本的に直線で降下して滑走路に接地します。ところが仙台では、直線のルートの他に場周経路（トラフィックパターン）と呼ばれる、楕円を描くようなかたちで降りてきます。訓練機や遊覧飛行などの小型機では一般的な降り方ですが、当時、成田空港に勤務していた自分にとっては驚かされるものでした。

それくらい、管制というものは、空港によって特性が異なります。それぞれの空港に特化した規定が作成されるほど、異なる運用が行なわれているのです。さまざまなシチュエーションでの管制をリアルに吸収することでしか、そうした実情を知ることはできないだろうと感じます。

自空港の運用から視野を広げ、固定観念を捨てることで、航空交通における多様性が高められ、自空港の運用改善に新しい視点を取り入れられることにつながっていく。そんな効果も得られると感じます。

「ルールを決める者」と「ルールを運用する者」の理想の関係とは

ここまで述べてきた、羽田事故の対応策や安全な運用についての提言を見て、元・管制官として強く思うことがあります。それは「ルールを決める者は、そのルールを運用する者と同じ方向を向いていなければならない」——立場やポジション・役割が変わろうとも、元の立場やポジション・役職にいたときの気持ちを忘れてはいけない、ということです。

航空管制の常識として、常に「安全」と「円滑」が同じレベルで求められます。しかし今、この「安全と円滑」という旗印に疑問を持ってもよいのではないかと感じています。「円滑」であることは本当に必要なのか、「安全」を最優先する、でよいのではないか、というシンプルな疑問です。

管制官とそれ以外の組織（航空会社、空港管理者、空港ビル会社、管制以外の官公庁組織など）において、安全と円滑に対しての考え方が乖離していると感じます。その最たる例が「もっと発着枠を増やすことはできないのか」という発想です。

いうまでもなく、便数が増えることによる経済効果は大きいものです。大型機であれば

1便に400人以上の乗客が乗っており、1人あたりが空港施設や周辺地域にて消費する金額を考えれば、1便で億単位の経済効果が生まれます。それがゆえに、便数を増やす方向にばかり検討が進められているように感じます。

一方で管制官にとっては、便数が増えるほど負担や危険性が高まります。つまり、ルールを決める者と運用する者が同じ方向を向いていないのです。

管制以外の組織や企業は、発着枠を増やすことに対し、管制官が安全面でどのような危惧を抱いているのかについて耳を傾けるべきですし、管制官もまた、便数増加を目指すことの意義を理解しようとする意識を持つべきだと思います。

国土交通省航空局が2013（平成25）年に公表した「今後の航空安全行政について」には、今後の航空安全行政の基本的方向性が以下のように記されています。

「レギュレータが国際民間航空条約等に準拠して基準等を制定し、プロバイダはそれを遵守することが基本」

レギュレータは「ルールを決める者」、プロバイダは「ルールを運用する者」です。それまではレギュレータがルールにおける主導権を握り、プロバイダはそれに従うのみという状況でしたが、両者をしっかり分離したうえで、安全を確保しましょうというものです。

両者で話しあって導き出された結論は、何らバイアスにとらわれることなく、出てきた言葉を互いに受けとめる「対等な関係」で安全を突きつめていく必要があると思います。

「対等な関係」ということについて海外の例を挙げると、アメリカではASRS（Aviation Safety Reporting System）というインシデント情報報告システムがあります。NASA（アメリカ航空宇宙局）が運営するもので、パイロットや管制官はもちろん、ディスパッチャーや整備士など地上作業員等が互いに情報を投稿できる、ウェブ上のシステムです。

ここに投稿すれば、それは誰が投稿したかに関係なく、公平に公表されて当局に報告される仕組みになっており、私が考える「互いに対等な関係」を実現しているシステムだと思います。もともと、年齢とか役職に関係なくフラットな関係を築きやすい欧米ならではの文化がベースになっているといえるでしょう。

このASRSをもとに日本版をつくろうということで生まれたのが「航空安全情報自発報告制度VOICES」です。ヒヤリハットを報告する、という仕組みは同じですが、こちらは、投稿した内容はリアルタイムには公表されず、いったん事務局に送られたうえで、月1回刊行物にまとめられます。同じものをつくろうとしているのに、まったく同じものにならないのは、結局そこに文化の違いがあるからなのでしょう。

おわりに――

羽田空港での事故について、原因を何か1つに特定しようとすることは避けるべきだと強く思います。現段階では十分な情報が得られていないにもかかわらず、1つの原因に当てはめようとすれば、その対応策もまた、見当違いになってしまう可能性があるからです。大きな視点で見れば、こうした事故は羽田に限らず、いつでもどこでも起こり得るということです。対策の検討にあたっても、羽田だから、小型機だから、夜間だから、海上保安庁の航空機だから……と今回の条件に偏ることは避けなければなりません。

たしかに、羽田特有の事情があるといえなくもありません。そもそも、全国に同じ滑走路上で出発と着陸が短い間隔で発生するような空港は、さほど多くはありません。羽田、成田、新千歳、福岡、那覇など、せいぜい10空港程度でしょう。

一方、地方空港では1時間に10便以下というところも少なくないですが、タイミングによっては出発機と到着機が接近することも起こり得ますし、羽田のように発着枠が過密な空港では、なおさら効率的に航空機を捌くことが求められます。

そんなとき、前後の出発順を入れ替えるために、インターセクションからの出発も駆使してやりくりするのは管制官の常套手段であり、逆にそうしなければ捌きれない、というのが現状です。どこの空港にも、滑走路上で衝突事故が起こるリスクは潜んでいます。

今求められているのは「管制官のスキルの全体的な底上げ」に尽きるでしょう。負荷の高い状況に陥っても、誰でも問題なくこなせるようにすること。そのためのバックアップシステムを整えること。さらに、個人に責任を負わせず、管制の仕組みや法制度にメスを入れ、熟練の職人芸を前提とした管制から脱却する方法を確立することです。

そして、熟練の技が要求される瞬間にのみ、プロフェッショナルな仕事を発揮できる環境を整えなければなりません。

人が安全を何とか守り抜く、という要素は、どんなに技術が発達しても残らざるを得ません。「木を見て森を見ず」の言葉のように、１つの事故を取り上げて、それが起きた理由を追及するあまり、近視眼的な対策で満足してはいけないということです。

安全は、そんなたやすく手に入るものではありません。プロフェッショナルな仕事を追求することに終わりがないように、絶えず継続してもなお、完結することはないのです。